传感器及 WSN 技术应用

主　编　刘宪宇　武　新

副主编　吕正伟　洪　波

西南大学出版社

国家一级出版社　全国百佳图书出版单位

图书在版编目(CIP)数据

传感器及WSN技术应用/刘宪宇,武新主编.--2版
.--重庆:西南师范大学出版社,2019.11
ISBN 978-7-5621-4560-8

Ⅰ.①传… Ⅱ.①刘… ②武… Ⅲ.①传感器—教材
②无线射频识别—教材 Ⅳ.①TP212②TP391.4

中国版本图书馆CIP数据核字(2016)第232529号

传感器及WSN技术应用

主　编:刘宪宇　武　新

策　　划:刘春卉　杨景罡
责任编辑:熊家艳
封面设计:畅想设计
出版发行:西南大学出版社(原西南师范大学出版社)
　　　　　地址:重庆市北碚区天生路2号
　　　　　邮编:400715
　　　　　电话:023-68868624
印　　刷:重庆新生代彩印技术有限公司
幅面尺寸:185mm×260mm
印　　张:14.75
字　　数:288千字
版　　次:2019年11月 第2版
印　　次:2023年2月 第1次
书　　号:ISBN 978-7-5621-4560-8

定　　价:43.00元

　　尊敬的读者,感谢您使用西大版教材!如对本书有任何建议或
要求,请发送邮件至xszjfs@126.com。

编 委 会

主　任：朱　庆

副主任：梁　宏　吴帮用

委　员：赵　勇　谭焰宇　刘宪宇　黄福林　肖世明

　　　　吴　珩　陈　良　张　健　杨智强　邹梓秀

　　　　余　水　李　安　王永尧　魏佳锋

前言

FREFACE

　　物联网作为现代信息技术的重要组成部分,是继计算机、互联网之后的信息产业第三次浪潮。在"中国制造2025"和"互联网+"的国家发展战略大背景下,物联网技术得到迅猛的发展。物联网系统由感知层、网络层、应用层三部分组成,传感器是感知层的主要设备,掌握常用传感器的应用是物联网技术应用专业的基本技能。作为物联网技术应用专业人才必须掌握传感器的选型、检测、安装与调试方法。

　　本教材是为了培养读者的传感器应用能力而编写,教材编写团队为在物联网专业教学中积累了一定经验的高职和中职教师。教材按照项目化课程理念,以农业智能大棚相关传感器等为载体组织教学内容,使读者能够将学习内容与实际应用紧密相连,增强了教材的实操性,符合初学者的认知规律。

　　教材共有7个项目,项目一帮助读者对传感器和无线传感网建立基本概念;项目二至六分别介绍农业智能大棚中常用的温度传感器、人体感应传感器、光照传感器、大气压力传感器和土壤湿度传感器的安装与调试;项目七介绍无线传感网的搭建与调试。项目一是整体认知,项目二至六是模块训练,项目七介绍综合应用训练,教材按从易到难的顺序编排,以实操为主,以培养读者传感器应用能力为目标。每个项目下设若干任务,每个任务由任务目标、任务分析、任务实施、相关知识、任务评价、练一练等部分组成。

全书包括7个项目,建议总学时不少于72学时,具体可参见学时分配参考表。

学时分配参考表

项目	任务	建议学时
项目一 认识传感器与无线传感网	任务一 认识物联网与传感器	4
	任务二 认识物联网与无线传感网	4
项目二 温度传感器的安装与调试	任务一 温度传感器的选型	2
	任务二 温度传感器的检测	4
	任务三 温度传感器的安装与调试	4
项目三 人体感应传感器的安装与调试	任务一 人体感应传感器的选型	2
	任务二 人体感应传感器的检测	4
	任务三 人体感应传感器的安装与调试	4
项目四 光照传感器的安装与调试	任务一 光照传感器的选型	2
	任务二 光照传感器与模拟量采集器的检测	4
	任务三 光照传感器的安装与调试	4
项目五 大气压力传感器的安装与调试	任务一 大气压力传感器的选型	2
	任务二 大气压力传感器和无线路由器的检测	4
	任务三 大气压力传感器的安装与调试	4
项目六 土壤湿度传感器的安装与调试	任务一 土壤湿度传感器的选型	2
	任务二 土壤湿度传感器和ZigBee模块的检测	4
	任务三 土壤湿度传感器的安装与调试	4

项目	任务	建议学时
项目七 智能环境监控系统的无线传感网组建	任务一 ZigBee无线传感网硬件设备选用	4
	任务二 智能环境监控系统ZigBee无线传感网的搭建	4
	任务三 智能环境监控系统ZigBee无线传感网的调试	6

　　本书由刘宪宇统稿,刘宪宇、武新任主编,吕正伟、洪波任副主编,张伟、陈行、邓银伟参加了本书的编写。在此,向以上各位老师表示诚挚的谢意。同时,在本书编写过程中,北京新大陆时代教育科技有限公司、重庆德莱特光电有限公司、重庆电子工程职业学院等多家单位给我们提供了许多宝贵的意见和建议,在此一并表示感谢。

　　由于编者水平有限,加之时间仓促,书中难免存在不足、错误和不妥之处,恳请广大读者批评指正。

目录
CONTENTS

录目

认识传感器与无线传感网

　　传感器起初主要应用于工业生产中,平常生活中能够接触到的传感器是非常少的。但智能手机、物联网技术、4G时代的到来,使得传感器完全融入了我们的生活中。传感器给生产、生活带来了便利,使一切变得自动化,并且还使生活变得更加有趣。你能完全认识智能手机中应用的传感器(如下图)吗?

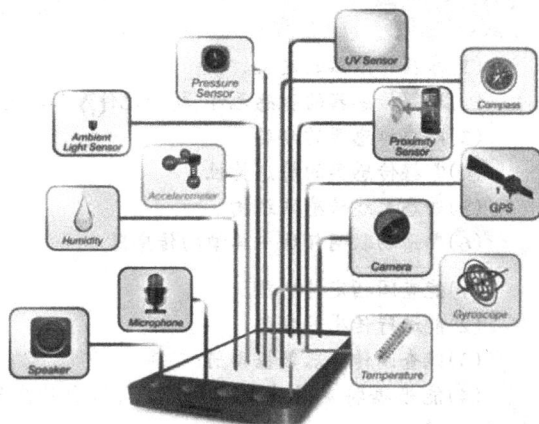

　　智能手机中最常见的传感器之一是加速度传感器,加速度传感器能测量手机的加速度。手机在任何方向上运动,加速度传感器都能感知到手机的动与静,加速度传感器还能测量手机在三个方向上的角度。手机上的方向传感器陀螺仪又能提供精度确更高的角度信息,借助陀螺仪,手机的相机功能可以判断手机在哪个方向上旋转了多少度。大多数智能手机配置磁力传感器,它能够检测磁场,磁力传感器是指南针类应用,用来判断地球北极的传感器之一。手机上配的距离传感器位于手机的听筒附近,手机靠近耳朵时,系统借助距离传感器知道用户在通电话,然后会关闭显示屏,防止用户因误操作影响通话。手机上还安有光线传感器来检测环境的亮度,系统可以利用光线传感器的数据自动调节显示屏亮度。部分高端智能手机配置有气压传感器、能测量气温的温度传感器以及计步器、心率计等传感器,使智

能手机的功能更加强大。随着的物联网的发展，智能手机已成为物联网的重要终端之一，所以传感器就在我们身边。

　　本项目将带领大家去认识物联网中的传感器、无线传感网和物联网在智能环境监测系统中的应用。

目标类型	目标要求
知识目标	(1)掌握传感器的定义 (2)理解传感器的敏感元件、转换元件和转换电路 (3)熟悉传感器的分类 (4)掌握传感器的静态特性 (5)熟悉无线传感网结构 (6)熟悉物联网领域中典型的传感器
技能目标	(1)能查阅指定传感器 (2)能进行传感器分类 (3)能查阅传感器数据手册 (4)能根据特定传感器数据手册，指出传感器的常用静态特性
情感目标	(1)培养快速、准确查阅资料能力 (3)培养制订计划的工作能力 (4)培养耐心细致的工作态度 (5)培养严谨扎实的工作作风

任务一 认识物联网与传感器

任务目标

能描述传感器的定义;能描述传感器的功能模块;熟悉传感器的分类;学会如何评价传感器;了解传感器的发展趋势。

任务分析

本任务通过引导学生上网搜索指定的传感器信息,认识传感器的概念和功能,并对传感器的性能参数有一个大概的了解。

搜索指定传感器 → 了解功能 → 阅读参数

任务实施

一、任务准备

工具准备

电脑或可上网的手机。

二、操作步骤

(1)查阅5种不同型号的温度传感器,要求明确其生产厂家、型号、价格和应用领域,完成表1-1-1。

表1-1-1 温度传感器信息表

序号	温度传感器型号	价格(元)	生产厂家	应用领域
1				
2				

续表

序号	温度传感器型号	价格(元)	生产厂家	应用领域
3				
4				
5				

(2)查阅5种不同型号的光照传感器,要求明确其生产厂家、型号、价格和应用领域,完成表1-1-2。

表1-1-2　光照传感器信息表

序号	光照传感器型号	价格(元)	生产厂家	应用领域
1				
2				
3				
4				
5				

(3)查阅5种不同型号的二氧化碳传感器,要求明确其生产厂家、型号、价格和应用领域,完成表1-1-3。

表1-1-3　二氧化碳传感器信息表

序号	二氧化碳传感器型号	价格(元)	生产厂家	应用领域
1				
2				
3				
4				
5				

三、任务开展要求

(1)分组讨论完成,每组3～5人;

(2)课内提供所需资料。

四、任务提交报告

以PPT形式描述3类各5种型号传感器的信息。

💻 **相关知识**

一、传感器定义

(一)国家标准传感器定义

在国家标准 GB/T7665-2005《传感器通用术语》中,传感器(Transducer/Sensor)被定义为"能感受被测量并按照一定的规律转换成可用输出信号的器件或装置,通常由敏感元件和转换元件组成"。

这一定义包含以下几个方面含义:

(1)传感器是测量装置,能完成检测任务;

(2)输入量是某一被测量,可能是物理量,也可能是化学量、生物量等;

(3)输出量是某种物理量,便于传输、转换、处理、显示等,可以是描述气、光、电的物理量,主要是电信号;

(4)输出、输入有对应关系,且应有一定的精确度。

(二)美国仪表协会传感器定义

美国仪表协会(Instrument Society of America,ISA)的定义是:"传感器是把被测量变换为有用信号的一种装置。它包括敏感元件、转换电路以及把这些元件和电路组合在一起的机构。"

🔍 **小知识**

美国国际标准管理局(USA International Standards Authority,Inc.),简称ISA,总部位于美国的洛杉矶,亚太地区总部设在香港,并经香港政府注册处注册,是一家经美国国家标准协会——美国质量会认证机构认可委员会(ANAB)和英国皇家认可委员会(UKAS)认可的享有国际声誉的世界知名跨国认证机构,主要为全球客户提供国际管理体系认证及产品认证服务。建立有全球性的服务网络,可帮助客户获得权威、直接而价格合理的国际认证。标准涉及 ISO9001,ISO14001,OHSAS18001,ISO22000,ISO13485,ISO27001,TS16949,SA8000,QC080000,TL9000,BRC,GMP,CE,RoHS,E-mark,FDA,FCC,SASO……

美国仪表协会从传感器的结构组成角度给出了定义。根据该定义,传感器一般由敏感元件、转换元件和基本转换电路(简称转换电路)三部分组成,如图1-1-1所示。

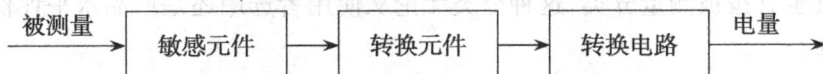

被测量 → 敏感元件 → 转换元件 → 转换电路 → 电量

图1-1-1 传感器系统示意图

(1)敏感元件:传感器的核心部件,是感受被测量,并输出与被测量成确定关系的某一物理量的元件。如图1-1-2所示声敏感元件直接感受声波,把声波转变成一种声膜振动机械量,声音的大小与振幅具有相关性,修正后具有线性关系。

(2)转换元件:敏感元件的输出就是它的输入,它把输入转换成电路参量。如图1-1-2所示,将振动机械量按照一定规律转换为电压信号。

(3)基本转换电路:转换元件的输出接入基本转换电路(简称转换电路),便可转换成电量输出。如图1-1-2所示,将电压信号转换为数字信号。

声波→声敏感元件→转换电路→数字信号

图1-1-2 传感器工作原理示意图(声传感器为例)

从信息技术的角度看,传感器是获取和转换信息的一种工具,这些信息包括电、磁、光、声、热、力、位移、振动、流量、湿度、浓度、成分等。

想一想

注意敏感元件是构成传感器的核心元件,但同一敏感元件因装置不同可以构成不同的传感器。同一功能的传感器可由不同的敏感元件构成。想一想,能举出例子吗?

二、传感器分类

同一种被测量,可以用不同原理的传感器来测量;而基于同一种传感器原理或同一类技术,又可以制作多种被测量传感器。

(一)按被测量分类

传感器按被测量分类,可分为物理量、化学量、生物量三大类,具体主要有位移、压力、力、速度、温度、流量、气体成分、离子浓度等传感器,如表1-1-4所示。我国现行国家标准也是按被测量分类,这种分类无论从使用者选用还是产品水平评价都便于统一标准。

表1-1-4 传感器按被测量分类

传感器	物理量传感器	机械量传感器	压力传感器	差压传感器
				负压(真空)传感器
			力传感器	测力传感器
				力矩传感器
			速度传感器	线速度传感器
				角速度传感器
			加速度传感器	角加速度传感器
				加速度传感器
			流量传感器	质量流量传感器
				容积流量传感器
			位移传感器	线位移传感器
				角位移传感器
			位量传感器	物位传感器
				表面粗糙度传感器
		热学量传感器	温度传感器	
			热导率传感器	
		光学量传感器	可见光传感器	
			红外传感器	
			激光传感器	
		磁学量传感器	磁场强度传感器	
			磁通密度传感器	
		电学量传感器	电流传感器	
			电压传感器	
		声学量传感器	超声波传感器	
			声压传感器	
			噪声传感器	
			表面声波传感器	
		核辐射传感器	X射线传感器	
			β射线传感器	
			射线传感器	
			辐射剂量传感器	
	化学量传感器	离子传感器	pH传感器	
			成分传感器	
		气体传感器	气体分压传感器	
			气体浓度传感器	
		湿度传感器	湿度传感器	
			水分传感器	
			露点传感器	
	生物量传感器		生化量传感器	
			生理量传感器	

(二)按功能原理分类

按功能原理可分为结构型(空间型)和物性型(材料型)两大类。结构型传感器是依靠传感器结构参数的变化实现信号变换,从而检测出被测量。物性型传感器是利用某些材料本身的物性变化来实现被测量的变换,其主要是以半导体、电介质、磁性体等作为敏感材料的固态器件。结构型传感器常按能源种类再分类,如机械式、磁电式、电热式等。物性型传感器主要按其物性效应再分类,如压阻式、压电式、压磁式、磁电式、热电式、光电式、电化学式等。

(三)按能量种类分类

按能量种类分有机、电、热、光、声、磁6种能量传感器。按有无电源供电分为无源传感器和有源传感器。按是否对检测对象施加能量又分为主动传感器和被动传感器。按信号处理的形式或功能,又可分为集成传感器、智能传感器和网络化传感器。

(四)按敏感材料分类

按所使用的敏感材料可以将传感器分为陶瓷传感器、半导体传感器、金属材料传感器、高分子或电子聚合物传感器、光纤传感器、复合材料传感器等。

(五)按加工工艺分类

按加工工艺,传感器可分为厚薄膜传感器、微机电系统(MEMS)传感器、纳米传感器等。

(六)按传感对象分类

按传感对象,传感器可分为地震传感器、图像传感器、心电传感器、呼吸传感器、脉搏传感器、烟雾传感器、气体传感器、水质传感器、血糖传感器、轮胎传感器等。

(七)按应用领域分类

按应用领域,传感器可分为汽车传感器、机器人传感器、家电传感器、环境传感器、气象传感器、海洋传感器等。

三、传感器的静态特性

在工程应用中,任何测量装置性能的优劣可以通过一系列的指标参数来衡量,这些用以衡量装置性能的指标被称为特性指标。传感器的特性主要是指输出与输入之间的关系。通常根据被测量(输入量)的性质来决定采用何种指标体系来描述传感器性能。

当被测量为常量或变化极慢时，一般采用静态指标体系，其输入与输出的关系为静态特性；与之相对应，当被测量随时间较快地变化时，则采用动态指标体系，其输入与输出的关系为动态特性。

下面，参考国家标准 GB/T 18459-2001，结合如下实例介绍典型传感器静态指标的含义以及计算方法。

实例：有一台电子秤的称重范围为 0~20 kg；能够检测的最小重量变化量为 1 g；压力传感器输出的电压范围为 0~5 V；在输入量做满量程变化时，对于同一输入量，传感器的正、反行程输出量之差为 5 g；该秤称量正、反行程实际平均特性曲线相对于参比直线的最大偏差为 5 g；在室温 25 ℃电子秤无称重时显示值为 10 g，在称重 20 kg 的重物时，显示值为 20.05 kg；把该电子秤放入 65 ℃的环境中无称重时显示值为 50 g，在称重 20 kg 的重物时，显示值为 20.09 kg。

(1)量程：又称满量程输入，为测量(x)上限与下限的代数差，计算公式如式 1-1 所示。

$$x_{FS} = x_{max} - x_{min} \qquad (式1-1)$$

则该电子秤的量程为：$x_{FS} = x_{max} - x_{min} =$ 20 kg-0 kg=20 kg

(2)分辨力：在整个输入量程内都能产生可观测的最小输入量变化，计算公式如式 1-2 所示。

$$R_x = max\left|\Delta x_{i\,min}\right| \qquad (式1-2)$$

则该电子秤的分辨力为：$R_x = max\left|\Delta x_{i\,min}\right| = max\left|1\ g\right| = 1\ g$

(3)灵敏度(S_i)：输出(y)变化量与相应的输入(x)变化量之比，计算公式如式 1-3 所示。

$$S_i = \lim_{\Delta x_i \to 0}\left(\frac{\Delta y_i}{\Delta x_i}\right) = \frac{dy_i}{dx_i} \qquad (式1-3)$$

(4)回差(迟滞)：在输入量做满量程变化时，对于同一输入量，传感器的正、反行程输出量之差，计算公式如式 1-4 所示。

$$\delta_H = \frac{\Delta y_{H.\,max}}{y_{FS}} \times 100\% \qquad (式1-4)$$

则该电子秤的回差为：$\delta_H = \frac{\Delta y_{H.\,max}}{y_{FS}} \times 100\% = \frac{5\ g}{20\ kg} \times \frac{1}{1000} \times 100\% = 0.025\%$

(5)重复性：在一段短的时间间隔内，在相同的工作条件下，输入量从同一方向做满量程变化，多次趋近并到达同一校准点时所测量的一组输出量之间的分散程度。

(6)漂移：零点输出漂移，在规定时间内，零点输出仅随时间的变化，通常用满量程的百分比来表示。

热零点漂移,由环境温度变化引起的零点输出变化,通常用单位温度的满量程输出的百分比来表示。

四、传感器接口

传感器接口用于传感器与接收器件的数据传输,接口类型关系到传感器数据传输的稳定性和速度。传感器的接口类型与输出信号的形式相关,常见的传感器信号输出形式有模拟量、开关量、数字量,而模拟量又分电流输出和电压输出两种。传感器与微机进行数据传输的基本方法如表1-1-5。

表1-1-5 传感器与微机连接的基本方法

接口方式	基本方法
模拟量接口方式	传感器输出信号(模拟量)→模拟量采集器→接口转换器→微机
数字量接口方式	传感器输出信号(数字量)→数字量采集器→接口转换器→微机
开关量接口方式	传感器输出信号(高、低电平)→数字量采集器→接口转换器→微机

在通信设备之间的数据传输要遵循相应的传输协议。传输协议不同,通信接口也不同。常见的通信接口有RS-232、RS-485、SPI、IIC、USB。如果设备的通信接口不同,它们之间要通信必须通过接口转换器连接,如RS-485/232转换器、RS-232/USB转换器都是在不同通信设备之间进行连接时常用的转换器。

五、认识物联网典型传感器

(一)传感器在物联网中的作用

物联网就是把传感器嵌入各种物体中,然后与现有的互联网整合起来,实现人类社会与物理系统的整合。

🔍 小知识

物联网掀起了继计算机、互联网之后的世界信息产业第三次浪潮,代表着信息通信技术的发展方向。物联网的英文名称是 The Internet of Things,其定义是通过传感器、射频识别、红外感应器、全球定位系统、激光扫描器等信息传感设备,采集力、热、声、光、电、磁、化学、生物和位置等各种需要的信息,按约定的协议,实现物与物、物与人、所有的物品与网络的连接,进行信息交换和通信,以实现对物品的智能化识别、定位、跟踪、监控和管理的一种网络。

1.传感器是物联网的基础

20世纪90年代世界兴起的互联网浪潮,在领军企业的带动下,极大地改变了我们的生活,但其信息的处理大部分基于键盘、鼠标,也就是必须借助人的辅助才能把承载自然界信息的文字、图表、照片导入计算机来进行交流。

物联网与互联网的最大区别在于采集或获取自然界的各种物理量、化学量、生物量的方式不同,互联网是人工的,物联网是自动的。因为物联网采用了传感器。

作为一个整体系统的物联网概念,在感知、传输和应用三个层次中,一定是"你中有我,我中有你"。但无论如何描述物联网都离不开传感器,不管是物理量还是化学量,是开关量还是线性量,是有线的还是无线的,是昂贵的还是廉价的,目的只有一个,把自然的参量变成可应用的电信号,因而传感器是物联网的基础。

2.传感技术制约物联网的发展

互联网技术的发展速度及水平是不平衡、不一致、不统一的,新技术的发展都是在现有的技术基础上不断挖掘,同时市场应用和技术难度也决定着新技术的发展速度。

纵观计算机、通信、网络和传感器的发展速度,我们可以用不同的运输器来形容其不同的速度,计算机技术在高速发展的硬件设备的支持下,犹如一架掠空的飞机;通信技术好比高速列车飞驰而过;网络技术也不甘示弱,其发展速度如同高速公路上的宝马汽车;而传感器发展速度却相对慢了下来,犹如一辆马车跑在乡间小道。

(二)典型物联网传感器

1.无线温湿度传感器

无线温湿度传感器是检测温度和湿度的传感器,并将信号以无线方式发送给接收端。家用温湿度传感器一般选用集温度和湿度敏感单元于一体的集成式传感器。其中,数字集成式温湿度传感器如图1-1-3。传感器包括一个电容性聚合体测湿敏感元件、一个用能隙材料制成的测温元件,并在同一芯片上与14位的A/D转换器以及串行接口电路实现无缝连接。

图1-1-3　数字集成式温湿度传感器实物图

　　该类传感器测量相对湿度的范围是0~100%RH,测量精确度±4.5%RH;测量温度的范围是-40~123.8 ℃,测量精确度±0.5 ℃,非常适用于室内温湿度的测量。

2. 烟雾传感器

　　烟雾传感器是火灾探测器的核心部件,它能够检测环境中的烟雾浓度,当烟雾浓度达到一定值时向报警器发出信号,报警器及时报警。居民家庭通用的火灾报警器,一般安装在厨房。遇到火灾产生的烟雾时,报警器可发出声光报警,或同时伴有数字显示,或同时联动外部设备。有的报警器可自动开启排风扇,把烟雾排出室外。烟雾传感器用在火灾初期(过热、阴燃或低热辐射和气溶胶生成阶段)的探测,其发出的报警信号要比传统的火灾探测系统提前数小时以上,在火灾初期消除火灾隐患,使火灾的损失降到最小。

　　根据报警器功能的需要,选择合适、精确、经济的烟雾传感器至关重要,离子烟雾传感器的实物如图1-1-4所示。

图1-1-4　离子烟雾传感器实物图

3. 可燃气体传感器

可燃气体传感器通常采用氧化物半导体型、催化燃烧型、热线型等气体传感器,也有少量采用其他类型,如化学电池类传感器。这些传感器都是通过对周围环境中的可燃气体的吸附,使其表面产生化学反应或电化学反应,造成其电物理特性的改变。

如一氧化碳气体传感器是报警器中的核心检测元件,它是以定电位电解法为基本原理。当一氧化碳扩散到气体传感器时,其输出端产生电流输出,提供给报警器中的采样电路,起着将化学能转化为电能的作用。当气体浓度发生变化时,气体传感器的输出电流也随之成正比变化,经报警器的中间电路转换放大输出,与相应的控制装置一同构成了环境检测或监测报警系统。

4. 家庭防盗传感器

常用的家庭防盗传感器有门窗磁式传感器和红外防盗传感器两种,实物如图1-1-6所示。

门窗磁式传感器一般安装在门内侧的上方。它由两部分组成:较小的部件为永磁体,内部有一块永久磁铁,用来产生恒定的磁场;较大的是门窗磁式传感器主体,内部有一个常开型的干簧管。当永磁体和干簧管靠得很近时,门窗磁式传感器处于工作守候状态;当永磁体离开干簧管一定距离后,门窗磁式传感器立即产生报警信号。

红外防盗传感器是通过检测人体发生的红外线,来识别是否有人在传感器的监测区域内活动。当人体进入传感器的探测区域时就产生电平触发信号,通知节点处理器有人体接近,然后传感器节点会进行报警等操作。

图1-1-6　门窗磁式传感器和红外防盗传感器实物图

(三)传感器的发展趋势

当前,传感器技术的主要发展方向:一是开展基础研究,发现新现象,开发传感器的新材料和新工艺;二是实现传感器的集成化与智能化。

(1)发现新现象,开发新材料——新现象、新原理、新材料是发展传感器技术、研究新型传感器的重要基础。每一种新原理、新材料的发现都会伴随着新的传感器种类诞生。

(2)集成化,多功能化——向敏感功能装置发展传感器的集成化。近年积极地应用半导体集成电路技术及其开发思想于传感器制造。如采用微机电系统(MEMS)技术制作微型传感器;采用厚膜和薄膜技术制作传感器等。

(3)向未开发的领域挑战——生物传感器。目前正大力研究生物传感器。现在开发的传感器大多为物理传感器,今后应积极开发研究化学传感器和生物传感器。特别是智能机器人技术的发展,需要研制各种模拟人的感觉器官的传感器,如已有的机器人触觉(如力觉)、味觉传感器等。

(4)智能传感器——具有判断能力、学习能力的传感器。本质上是一种带微处理器的传感器,它具有检测、判断和信息处理功能。

任务评价

表1-1-6 认识物联网与传感器任务评价表

评价指标	评价内容	评价标准	分值	学生自评	老师评估
知识目标	传感器定义和分类	能描述传感器的定义记10分,能描述分类记5分	15分		
	传感器的组成结构	能叙述传感器结构记15分	15分		
技能目标	传感器的资料查阅	能获取3种传感器相关资料,1种记10分	30分		
	根据要求完成任务书中的表格,制作介绍传感器的课件	能将收集的资料用PPT形式表现出来记10分,PPT清楚有条理记10分	20分		

续表

评价指标	评价内容	评价标准	分值	学生自评	老师评估
情感目标	学习态度	无迟到、早退记10分	10分		
	团队协作能力	能承担小组的分工,协助小组成员完成传感器资料的查阅记10分	10分		

学习体会:

练一练

列举生活中常用的传感器,并在网上搜索常用传感器的图片。

任务二 认识物联网与无线传感网

任务目标

通过查阅资料知道什么是无线传感网;能举例说明无线传感网在物联网系统中的应用;能描述无线传感网的特点和性能指标;了解无线传感网在各领域中的应用。

任务分析

本任务通过引导学生上网搜索无线传感网的概念,查找无线传感网的典型应用案例,来了解无线传感网的特点和性能参数。

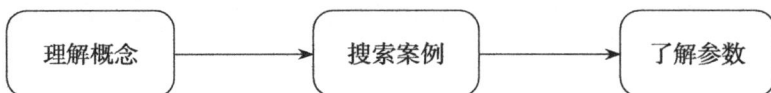

理解概念 → 搜索案例 → 了解参数

任务实施

一、任务准备

工具准备

电脑或可上网的手机。

二、操作步骤

(1)查阅无线传感网的概念,并记录收集到的信息。

(2)搜索无线传感网的应用案例不少于3个,并在小组内交流。

(3)搜索无线传感网的特点和性能指标,并整理收集到的信息。

三、任务开展要求

(1)分组讨论完成,每组3~5人;

(2)课内提供部分资料。

四、任务提交报告

以PPT形式展现无线传感网的知识。

相关知识

一、无线传感网的概念

无线传感器网络(Wireless Sensor Networks,WSN,简称无线传感网)是一种分布式传感网络,它的末梢是可以感知和检测外部世界的传感器。无线传感网中的传感器通过无线方式通信,形成一个多跳自组织网络,因此网络设置灵活,设备位置可以随时更改,还可以跟互联网进行有线或无线方式的连接。无线传感网以协作的方式采集、处理和传输网络覆盖地理区域内被感知对象的信息,并把这些信息发送给网络上的用户,如图1-2-1。

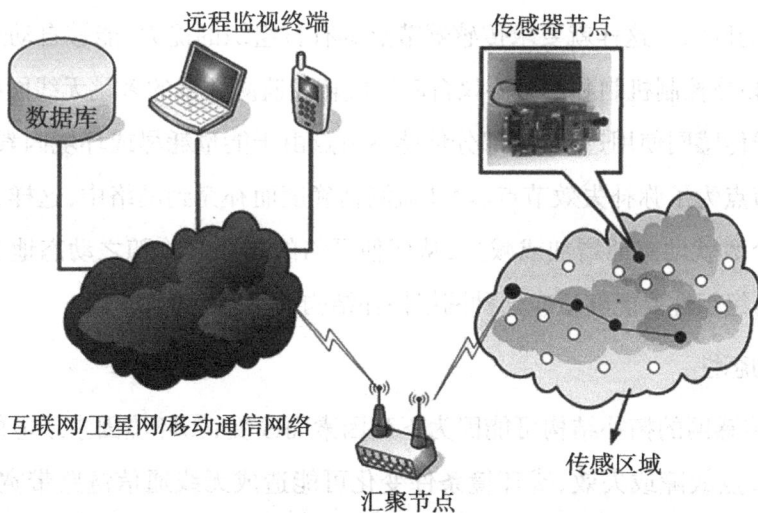

图1-2-1 无线传感网的结构

二、无线传感网的特点

(一)大规模

为了获取精确信息,在监测区域通常部署大量传感器节点,可能成千上万,甚至更多。无线传感网的大规模性包括两方面的含义:一方面是传感器节点分布在很大的地理区域内,如在原始大森林采用无线传感网进行森林防火和环境监测,需要部署大量的传感器节点;另一方面,传感器节点部署很密集,在面积较小的空间内,密集部署了大量的传感器节点。

无线传感网的大规模性具有如下优点:通过不同空间视角获得的信息具有更大的信噪比;分布式处理大量的采集信息能够提高监测的精确度,降低对单个节点传感器的精度确要求;大量冗余节点的存在,使得系统具有很强的容错性能;大量节点能够增大覆盖的监测区域,减少洞穴或盲区。

(二)自组织

在无线传感网应用中,通常情况下传感器节点被放置在没有基础结构的地方,传感器节点的位置不能预先精确设定,节点之间的相互关系(如邻居关系)预先也不知道,如通过飞机播撒大量传感器节点到面积广阔的原始森林中,或随意放置到人不可到达、危险的区域。这样就要求传感器节点具有自组织的能力,能够自动进行配置和管理,通过拓扑控制机制和网络协议自动形成转发监测数据的多跳无线网络系统。

在无线传感网使用过程中,部分传感器节点由于能量耗尽或环境因素造成失效,也有一些节点为了弥补失效节点、增加监测精确度而补充到网络中,这样无线传感网中的节点个数就动态地增加或减少,从而使网络的拓扑结构随之动态地变化。无线传感网的自组织性要能够适应这种网络拓扑结构的动态变化。

(三)动态性

无线传感网的拓扑结构可能因为下列因素而改变:①环境因素或电能耗尽造成的传感器节点故障或失效;②环境条件变化可能造成无线通信链路带宽变化,甚至时断时通;③无线传感网的传感器、感知对象和观察者这三要素都可能具有移动性;④新节点的加入。这就要求无线传感网系统要能够适应这种变化,具有动态的系统可重构性。

(四)可靠性

无线传感网特别适合部署在环境恶劣或人类不宜到达的区域,节点可能工作在露天环境中,遭受日晒、风吹、雨淋,甚至遭到人或动物的破坏。传感器节点往往采用随机部署,如通过飞机播撒或发射炮弹到指定区域进行部署。这些都要求传感器节点非常坚固,不易损坏,适应各种恶劣环境条件。

由于监测区域环境的限制以及传感器节点数目巨大,不可能人工“照顾”每个传感器节点,网络的维护十分困难甚至不可维护。无线传感网的通信保密性和安全性也十分重要,要防止监测数据被盗取和获取伪造的监测信息。因此,无线传感网的软硬件必须具有鲁棒性和容错性。

(五)以数据为中心

无线传感网是任务型的网络,脱离无线传感网谈论传感器节点没有任何意义。无线传感网中的节点采用节点编号标识,节点编号是否全网唯一取决于网络通信协议的设计。由于传感器节点随机部署,构成的无线传感网与节点编号之间的关系是完全动态的,表现为节点编号与节点位置没有必然联系。用户使用无线传感网查询事件时,直接将所关心的事件通告给网络,而不是通告给某个确定编号的节点。网络在获得指定事件的信息后汇报给用户。这种以数据本身作为查询或传输线索的思想更接近于自然语言交流的习惯。所以通常说无线传感网是一个以数据为中心的网络。

三、无线传感网的性能指标

无线传感网性能的评价标准主要包括通信性能、能耗控制、基础功能实现、感知精度和容错性五个方面。

(一)通信性能

评价通信性能的常用指标包括吞吐量、信道容量、链路利用率、节点利用率、系统平均响应时间、数据包延迟时间、延迟抖动和丢包率等。对象和承载业务不同,评价通信性能的主要指标也不同。无线传感网的核心功能是对目标属性的实时感知能力,强调节点间的协同处理,主要性能指标有吞吐量、丢包率、延迟时间、容错性和响应时间等。

(二)能耗控制

能耗控制中最直接的评价指标是网络生存期。网络生存期有两类定义:以网络中第一个节点能量耗尽而失效的时间为标识的Ⅰ类网络生存期;以网络中源节点变为孤立节点,即无法对邻居节点传递任何数据(邻居节点能量耗尽,无法工作)的时间为标识的Ⅱ类网络生存期。

无线传感网的生命周期是指从启动到不能为观察者提供需要的信息为止所持续的时间。影响无线传感网生命周期的因素很多,既有外界因素也有内部因素,但主要是内部的硬件因素和软件因素,需要进行深入研究。其中,硬件因素包括节点能源供应的情况,中央处理器、存储器、无线通信模块的能耗情况等;而软件因素包括通信协议栈的设计、基于应用的数据融合算法等。在设计无线传感网的软、硬件时,我们必须充分考虑能源的有效性,最大化生命周期。假定网络节点失效和拓扑变化仅因节点能量消耗殆尽引起,网络生存期可通过尽量降低节点能耗和均衡能量消耗来延长。

(三)基础功能实现

无线传感网在不同应用环境中要求完成不同功能,但仍可抽取并定义不同应用共有的基础功能,如目标对象的属性值测定、感兴趣事件的检测和参数估计、目标对象的分类和识别、目标对象的定位和跟踪等。因此,常用的基础功能评价指标有属性估计误差、事件监测概率、目标误检率、定位精度和误差等。

(四)感知精度

无线传感网的感知精度是无线传感网中特别重要的一个参数,是指观察者接收到的感知信息精度。传感器自身的感知能力、精度和传感器节点的信息处理方法、通信能力、通信协议等都会对感知精度有所影响。感知精度、延迟时间和能量消耗之间有着密切的关系,通常较高的感知精度会导致更长的时间延迟和更大的能量消耗。在无线传感网设计中,我们需要权衡三者的得失,使系统能在最小能源开销条件下最大限度地提高感知精度、降低延迟。

(五)容错性

由于环境或其他原因,在应用现场维护或替换失效传感器常常是困难或不可能的。这样传感器的软、硬件必须具有很强的容错性,以保证系统具有高强度性。

综上所述,无线传感网的性能指标不仅是评价无线传感网的标准,也是无线传感网设计的优化目标,为了使无线传感网性能的评价有更加科学合理的标准,在此方向上的研究还有大量的工作需要去做。

四、无线传感网的典型应用

无线传感网集合了微电子技术、嵌入式技术、现代网络及无线通信和分布式处理等技术,利用微型传感器协同完成对各种环境或监测对象信息的实时监测、感知和采集。目前无线传感网在智能医疗、智能农业、智能家居、智能电网等领域得到广泛应用。

(一)在智能医疗系统中的应用

近年来,无线传感器网在医疗系统和健康护理方面已有很多应用。例如,如图1-2-2中的人体健康监控传感器可监测人体的许多生理数据,跟踪和监控医生和患者的行动,以及医院的药物管理等。如果在住院病人身上安装特殊用途的传感器节点,例如心率和血压监测设备,医生可以随时了解被监护病人的病情,在病人发生异常情况时能够迅速抢救。科学家使用无线传感网创建了一个"智能医疗之家",在5间房的公寓住宅里,利用人类研究项目来测试概念和原型产品。"智能医疗之家"使用微尘来测量居住者的重要体征(血压、脉搏和呼吸)、睡觉姿势以及每天24小时的活动状况,所收集的数据被用于开展医疗研究。通过在鞋、家具和家用电器等设备中嵌入网络传感器,可以改善老年人、重病患者以及残疾人的家庭生活;利用无线传感网可高效传递必要的信息,从而方便护理人员进行护理,减轻护理负担,提高护理质量;利用无线传感网长时间收集人的生理数据,可以加快研制新药品的进程。而安装在监测对象身上的微型传感器也不会给其正常生活带来太多不便。

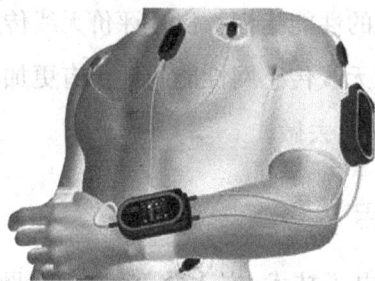

图1-2-2　人体健康监控传感器

(二)在智能家居中的应用

无线传感网的逐渐普及,促进了信息家电、网络技术的快速发展,家庭网络的主要设备已由单一机向多种家电设备扩展。基于无线传感网的智能家居网络控制节点,为家庭内、外部网络及内部网络之间的连接提供了一个基础平台。在家电中嵌入传感器节点,通过无线网络与互联网连接在一起,将为人们提供更加舒适、方便和更人性化的智能家居环境。利用远程监控系统可实现对家电的远程遥控,也可以通过图像传感设备随时监控家庭安全情况。利用无线传感网可以建立智能幼儿园,监测儿童的早期教育环境,以及跟踪儿童的活动轨迹。图1-2-3为3G物联网智能家居解决方案。

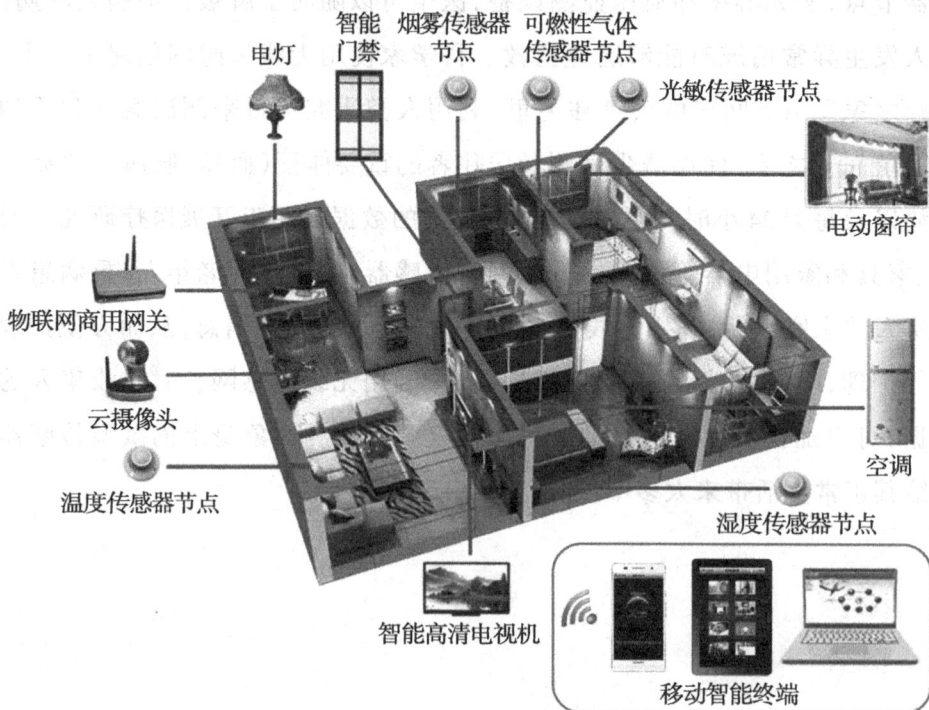

图1-2-3　3G物联网智能家居解决方案

无线传感网利用现有的互联网、移动通信网络和电话网络将室内环境参数、家电设备运行状态等信息告知住户,使住户能够及时了解家居内部情况,并对家电设备进行远程监控,实现家庭内部和外界的信息传递。无线传感网不但使住户可以在任何能够上网的地方通过浏览器监控家中的水表、电表、煤气表、热水器、空调、电饭煲以及安防系统、煤气泄露报警系统等,而且可通过浏览器设置命令,对家电设备远程控制。无线传感网由多个功能相同或不同的无线传感器节点组成,每个节点对一种设备进行监控,通过网关接入互联网系统,采用一种基于星型拓扑结构的混合型拓扑结构系统模型。传感器节点在网络中负责数据采集和中转其他节点的数据包并发送出去,由通信路由协议直接或间接地将数据传输给远方的网关节点。

(三)在农业领域的应用

农业是无线传感网应用的另一个重要领域。为了研究这种可能性,英特尔公司率先在俄勒冈州建立了第一个无线葡萄园。传感器分布在葡萄园的每个角落,每隔一分钟检测一次土壤温度,以确保葡萄可以健康生长,进而获得大丰收。以后,研究人员将实施一种系统,用于监视每一无线传感网区域的温度,或该地区有害物的数量。他们甚至计划在家畜(如狗)上使用传感器,以便可以在巡逻时收集必要信息。这些信息将有助于开展有效的灌溉和喷洒农药,进而降低成本和确保农场获得高效益。图1-2-4为智能农业示意图。

图 1-2-4 智能农业示意图

智能农业产品通过传感器实时采集温室内温度、土壤温度、二氧化碳浓度、湿度以及光照、叶面湿度、露点温度等环境参数,自动开启或关闭指定设备。可以根据用户需求,随时进行处理,为设施农业综合生态信息自动监测、环境自动控制和智能化管理提供科学依据。通过处理器模块采集温度传感器等的信号,经由无线信号收发模块传输数据,实现对大棚温湿度的远程控制。智能农业还包括智能粮库系统,该系统通过感知粮库内温湿度变化,并与计算机或手机连接进行实时观察,记录现场情况以保证粮库的温湿度平衡。

任务评价

表1-2-1 认识物联网与无线传感网任务评价表

评价指标	评价内容	评价标准	分值	学生自评	老师评估
知识目标	无线传感网的概念	能准确叙述无线传感网概念记15分	15分		
	无线传感网的性能指标	能描述无线传感网的主要性能指标记15分	15分		
技能目标	无线传感网应用的资料收集	能简述无线传感网的典型应用案例,1个案例记10分	20分		
	制作PPT介绍无线传感网的应用	PPT内容丰富,能反映无线传感网的结构和应用记10分,内容清楚再记10分	20分		
情感目标	学习能力	能通过各种渠道收集无线传感网资料记10分	10分		
	学习态度	无迟到、早退记10分	10分		
	团队协作能力	能承担小组的分工,协助小组成员完成无线传感网资料的查阅记10分	10分		

学习体会:

练一练

1.画出无线传感网的结构图。

2.上网收集无线传感网的应用案例不少于两个。

项目二 温度传感器的安装与调试

　　智能环境监控系统中,农业大棚是一典型的应用,其要求采集大棚内的温度,来实现精细管理。加温系统是否需要工作,可根据采集的温度信息来调控,从而保证大棚内温度适合农作物的生长。

　　本项目要求为农业大棚选一款温度传感器,并正确安装、调试温度传感器及相关数据传输设备,以实现温度数据的采集。

目标类型	目标要求
知识目标	(1)能描述温度传感器的功能和工作原理 (2)能描述温度传感器的主要性能参数 (3)能描述温度传感器的检测方法
技能目标	(1)能正确进行温度传感器的选型 (2)能检测温度传感器好坏 (3)能正确安装温度传感器及其到电脑端的相关设备 (4)能使用软件配置传感器及其到电脑端的相关设备实现温度数据的采集
情感目标	(1)培养学生安全意识 (2)培养学生团队合作意识 (3)培养学生信息收集能力 (4)培养学生规范操作意识

任务一 温度传感器的选型

任务目标

能描述温度传感器的功能;掌握温度传感器的工作原理;能识读温度传感器的主要技术参数;能根据系统要求正确选用温度传感器。

任务分析

本任务通过对温度传感器功能和主要技术参数的了解,为温度传感器的选型做好准备,然后对温度传感器的工作环境进行分析,在网上找一款适合在蔬菜大棚里使用的温度传感器。

任务准备 → 分析环境 → 搜索温度传感器

任务实施

一、任务准备

(一)工具准备

电脑或可上网的手机。

(二)知识准备

1.温度传感器的功能

温度传感器利用物质某些物理性质随温度变化的特性,感受温度并转换为可用输出的电信号。

2.温度传感器的主要性能指标

温度传感器主要技术参数包括量程、精确度、供电、工作温度、长期稳定性、响应时间、输出信号七大指标。

(1)量程。量程是指温度传感器能够测量的温度范围。

(2)精确度。温度传感器精确度表示传感器读数和系统实际温度之间的误差。在产品说明书中,精确度指标和温度范围相对应。通常针对不同温度范围,有不同的精确度指标。对于-25~100 ℃温度范围来说,±2 ℃精确度是很常见的。

(3)供电。温度传感器正常工作需要为其提供的电源电压。

(4)工作温度。温度传感器能正常工作的环境温度范围。

(5)长期稳定性。间隙时间长后,再测相同的温度,测出的结果变化的大小。

(6)响应时间。温度传感器从开始测量到得到数据所需要的时间。

(7)输出信号。指温度传感器输出电信号的形式,常用的温度传感器有电流输出型、电压输出型和数字信号输出型。

表2-1-1是一温度传感器的主要技术参数。

表2-1-1　一温度传感器的主要技术参数

技术参数	参数值	参数含义
供电(工作电压)	22~26 V(默认DC 24 V)	正常工作所需直流电压22~26 V
精确度	±0.5 ℃(0~50 ℃)	在0~50 ℃范围内,误差在±0.5 ℃以内
工作温度	-10~60 ℃	正常工作的环境温度在-10~60 ℃范围内
长期稳定性	<0.1 ℃/年	每年测相同温度,测量值相差小于0.1 ℃
响应时间	<15 s	相当于反应的速度
输出信号	电流输出:4~20 mA输出	信号输出的电流值在4~20 mA之间

3.温度传感器的选型依据

(1)测量精度和范围。不同类型的温度传感器测量范围差别很大,在冶炼工业中常用到测量范围超过1 000 ℃的温度传感器,而大棚温度传感器测温范围要小得多。

(2)使用环境。使用环境影响温度传感器的工作状态,包括精度、寿命都与介质使用环境有关,不同的使用环境对温度传感器的封装形式要求也不同。

(3)测量介质。有的介质是运动的、振动的,也有介质在高压环境中的或在防爆场所使用的,还有的介质腐蚀性比较强……在温度传感器选型时要充分考虑。

(4)相关技术标准。在一些特殊的环境中使用传感器,国家或行业对传感器有明确的技术要求,选用温度传感器时要参考相应的技术标准规定。如:GB26786-2011《工业热电偶和热电阻隔爆技术条件》、GB/T18034-2000《微型热电偶用铂铑细偶丝规范》都是国家对使用温度传感器的具体要求。

(三)任务分工

小组成员讨论分工,将分工明细填入任务分工表。

表2-1-2 任务分工表

任务内容	负责人
查询蔬菜大棚一天内的温度变化范围	
查询大棚内某一蔬菜(辣椒、白菜或其他蔬菜均可)生长的最佳温度	
查询一款符合要求的温度传感器,并完成温度传感器参数表	

二、操作步骤

(一)任务场景分析

完成表2-1-3。

表2-1-3 蔬菜大棚场景分析表

分析的问题	分析的结果
蔬菜大棚一天内的温度变化范围	
大棚内某一蔬菜(辣椒、白菜或其他蔬菜均可)生长的最佳温度	
大棚内环境分析	□潮湿□氧化□还原□通风不佳
所选温度传感器的价格范围	□50~100元□100~200元□200~1 000元

(二)查询温度传感器

根据以上分析,上网查询一款温度传感器,完成表2-1-4。

表2-1-4 温度传感器参数表

参数类型	参数值
型号	
厂家	
价格	
工作电压	

续表

参数类型	参数值
功耗	
输出信号接口	
量程	
精确度(误差)	
分辨率	

(三)提交任务报告

以PPT形式提交任务报告,报告内容包括:①蔬菜大棚温度传感器主要功能;②蔬菜大棚环境分析表;③所选温度传感器图片;④所选温度传感器技术参数;⑤小组任务分工表。

相关知识

一、温度传感器的分类

(1)按照敏感元件是否与被测量接触,温度传感器可分为接触式和非接触式两类,如图2-1-1所示。

(a)接触式温度传感器　　　　　　(b)非接触式温度传感器

图2-1-1　两种温度传感器

①接触式温度传感器:传感器直接与被测物体接触进行温度测量,具有体积小、准确度高、复现性和稳定性好等优点,但测量上限受感温元件耐温程度的限制,测温范围一般为-270～1 800 ℃,如热电偶、热电阻及集成温度传感器。同时,由于被测物体的热量传递给传感器,降低了被测物体温度,特别是被测物体热容量较小时,测量准确度较低。因此采用这种方式精确测温的前提条件是被测物体的热容量足够大。

②非接触式温度传感器:主要利用被测物体热辐射发出红外线的特性,测量物体的温度,可进行遥测。优点是:测量上限不受感温元件耐温程度的限制,理论上可测温度没有上限;同时,这类传感器不会从被测物体上吸收热量,不会干扰被测对象的温度场,连续测量不会产生消耗,反应快。但是其制造成本较高,测量精确度却较低。因此,对于上千摄氏度的高温(工业环境居多),主要采用非接触式温度传感器,如红外线温度传感器。

(2)按照物理工作原理,温度传感器可以细分为多种,具体如表2-1-5所示。

表2-1-5 根据物理现象应用分类表

物理现象应用	典型传感器
体积热膨胀	气体温度计、玻璃制水银温度计、玻璃制有机液体温度计、双金属温度计、液体压力温度计、气体压力温度计
电阻变化	铂测温电阻、热敏电阻
温差电现象	热电偶
磁导率变化	感温铁氧体、Fe-Ni-Cu合金传感器
电容变化	$BaSrTiO_3$热敏陶瓷
压电效应	石英晶体振动器
超声波传播速度变化	超声波温度计
物质颜色	示温涂料、液晶传感器
P-N结电动势	半导体传感器、二极管传感器
晶体管特性变化	晶体管传感器、半导体集成电路温度传感器
可控硅动作特性变化	可控硅感应器
热、光辐射	辐射传感器、光学高温计

(3)按照测量温度范围,温度传感器可分为极低温用传感器、低温用传感器、中温用传感器、中高温用传感器、高温用传感器、超高温用传感器等,具体如表2-1-6所示。

表2-1-6 按测温范围分类表

分 类	测温范围	典型传感器
超高温用传感器	1 500 ℃以上	光学高温计、辐射传感器
高温用传感器	1 000~1 500 ℃	光学高温计、辐射传感器、热电偶
中高温用传感器	500~1 000 ℃	光学高温计、辐射传感器、热电偶

续表

分类	测温范围	典型传感器
中温用传感器	0~500 ℃	热电偶、测温电阻器、热敏电阻、感温铁氧体、石英晶体振动器、双金属温度计、压力式温度计、玻璃制温度计、辐射传感器、晶体管传感器、二极管传感器、半导体集成电路温度传感器、可控硅感应器
低温用传感器	−250~0 ℃	晶体管传感器、热敏电阻、压力式温度计
极低温用传感器	−270~−250 ℃	$BaSrTiO_3$热敏陶瓷

(4)按照不同的测温特性,温度传感器可分为开关型、指数型、线性型三大类,如表2-1-7所示。

表2-1-7　按测温特性分类表

分类	特征	典型传感器
线性型温度传感器	测温范围宽,输出小	测温电阻器、晶体管传感器、热电偶、半导体集成电路温度传感器感应器、可控硅感应器、石英晶体振动器、压力式温度计、玻璃制温度计
指数型温度传感器	测温范围窄,输出大	热敏电阻
开关型温度传感器	特定温度,输出大	感温铁氧体、双金属温度计

小知识

开关型温度传感器:输出信号只有一个值,由厂家或者用户设定。如电热水壶的双金属温度计只输出100 ℃的温度值,当温度到达100 ℃后发出报警然后自动断电停止加热。

线性型温度传感器:是指温度传感器输入量温度的变化值与输出量变化值在数学上是一种线性关系。

指数型温度传感器:是指温度传感器输入量温度的变化值与输出量变化值在数学上是一种指数关系。

此外,还有微波测温温度传感器、噪声测温温度传感器、温度图测温温度传感器、热流计、射流测温计、核磁共振测温计、穆斯堡尔效应测温计、约瑟夫森效应测温计、低温超导转换测温计、光纤温度传感器等。这些温度传感器有的已获得应用,有的尚在研制中。

二、温度传感器的工作原理

温度传感器是感受温度并转换为电信号的转换器,常用的核心部件是热电偶、热电阻、热敏电阻。热电偶、热敏电阻、热电阻的工作原理和适用环境不同。

(一)热电偶的工作原理及特点

1. 热电偶的工作原理

图2-1-2热电偶回路,将两种不同材料的导体或半导体A和B焊接起来,构成一个闭合回路,当导体A和B的两个接触点1和2之间存在温差时,两者之间便产生电动势,从而在回路中形成电流的现象称为热电效应。热电偶便是利用这一效应来工作。如图2-1-3,热电偶1通过连接线2形成热电偶回路,当热电偶1置于测温环境时,会从电流表3中观察到有电流产生,而且电流大小与热电偶1所处环境的温度有关。

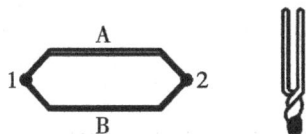

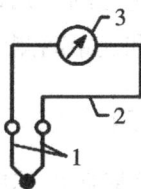

1-热电偶;2-连接线;3-电流表

图2-1-2　热电偶回路　　　　图2-1-3　热电偶工作原理图

2. 热电偶的特点

(1)测量精确度高。因热电偶传感器直接与被测对象接触,不受中间介质的影响。

(2)测量范围广。常用的热电偶从-50~1 600 ℃均可连续测量,某些特殊热电偶最低可测到-269 ℃,最高可达2 800 ℃(如钨-铼热电偶)。

(3)构造简单,使用方便。热电偶通常是由两种不同的金属丝组成,而且不受大小和开头的限制,外有保护套管,用起来非常方便。

(二)热敏电阻的工作原理及特点

1. 热敏电阻的工作原理

热敏电阻是敏感元件的一类,按照温度系数不同分为正温度系数(PTC)热敏电阻和负温度系数(NTC)热敏电阻。热敏电阻的典型特点是对温度敏感,不同的温度下表现出不同的电阻值。正温度系数热敏电阻在温度越高时电阻值越大,负温度系数热敏电阻在温度越高时电阻值越低,它们同属于半导体元器件。

2.热敏电阻的特点

灵敏度高,体积小,有较好的精确度。

(三)热电阻的工作原理及特点

1.热电阻的工作原理

热电阻测温是基于金属导体的电阻值随温度的增加而增加这一特性来进行温度测量。大多数热电阻在温度升高1℃时电阻值将增加0.4%~0.6%。热电阻大都由纯金属材料制成,目前应用最多的是铂和铜,但现在也已开始采用镍、锰和铑等材料制造热电阻。

2.热电阻的特点

(1)测量精确度高。热电阻传感器之所以有较高的测量精确度,主要是一些材料的电阻温度特性稳定,复现性好。其次,与热电偶相比,它没有参比端误差问题。

(2)有较大的测量范围。尤其在低温方面。

(3)在自动测量和远距离测量中具有优势。

三、温度传感器的应用

温度传感器的性能还由其应用领域的许多因素决定,如外部环境(物理和电学的)、电源供电方式等。总的来说,温度传感器主要应用于以下几个领域。

(一)感测应用

温度传感器的热转换方式经常被用来测量物理量(如流量、气体压力、湿度、热化学反应参数等)。传感器测量这些物理量时都是以热形式为媒介并以电信号的方式输出。

(二)生物医学应用

生物医学的应用必须使用特殊的温度传感器,其中最重要的特性是低功耗、长期稳定性好、可靠性高,以及在32~44℃之间,精确度小于0.1℃。

(三)太空应用

热敏电阻以及硅PN结已经应用于太空温度测量。利用接口电路从感测元件读取温度信息。具有数字输出功能的智能温度传感器可应用于未来的卫星设计,并能传送与微处理器兼容的数字信息。

(四)工业应用

集成温度传感器在自动化应用和微生物体热检测应用方面已有报道,但在不同的应用领域,所要求的传感器的特性变化非常大。对于低成本、长期稳定性和可靠性好、拥有强大的数字接口以及通信系统等特殊的应用需求,目前的智能温度传感器都可满足。

(五)消费产品应用

低成本集成温度传感器与变送器被应用于消费产品中,如洗衣机、冰箱、空调等。低成本、无需外部辅助元件、制造时简单的片上温度校正等是消费产品应用的特殊需求,并且要求−20~100 ℃之间的测量精确度要能达到±0.5 ℃。

四、温度传感器的前景及发展方向

目前,温度传感器是各种传感器中最为常用的一种。现代温度传感器外形非常小,利于广泛应用在生产实践的各个领域中,也为人们的生活提供了无数的便利和功能。温度传感器市场份额大大超过了其他的传感器。温度传感器技术朝着高精确度、高可靠性、宽测量范围、微型化及微功耗方向发展,并不断开发出一些能在特殊环境下工作的温度传感器,如可在高低温(−200~2 000 ℃)、化学腐蚀性强、电磁干扰严重的恶劣环境中工作的光纤温度传感器。此外为适应微集成系统的发展,温度传感器技术正向数字化、集成化和智能化的方向发展。

温度传感器数字化输出不再是单一的模拟信号,信号经过放大、A/D 转换、线性化后变成纯数字信号。该数字信号可以通过各种标准的接口(如 I2C、USB 等)与微控制器相连。"集成化"表示温度传感器将辅助电路中的元件与传感元件集成在同一块芯片上,使之具有校准、补偿、自诊断和网络通信的功能,其测量准确度高、体积小、功耗小、成本低,更适合应用于集成电路系统。"智能化"表示温度传感器是一种带微处理器的传感器,是微型计算机和传感器相结合的成果,它兼有检测、判断和信息处理功能,与传统温度传感器相比有很多特点:①具有判断和信息处理功能,能对测量值进行修正、误差补偿,因而提高了测量精确度;②可实现多点温度测量;③测量数据可存取,便于进一步提高设备分析、预测的智能化程度;④有标准数据通信接口,能与微型计算机直接通信。智能温度传感器正朝着高精确度、多功能、总线标准化、高可靠性及安全性、开发虚拟传感器和网络传感器、研制单片测温系统等高科技的方向迅速发展。

任务评价

表2-1-8　温度传感器的选型任务评价表

评价指标	评价内容	评价标准	分值	学生自评	老师评估
知识目标	温度传感器的主要性能指标	能描述温度传感器的7个主要性能指标,缺1个扣2分	10分		
	热电偶的工作原理	能描述热电偶工作原理记10分	10分		
	热电阻的工作原理	能描述热电阻工作原理记10分	10分		
技能目标	网络资料的搜索	能搜索适合任务要求的温度传感器记10分;能找到主要技术参数记10分	20分		
	温度传感器课件	能完成PPT制作记10分,内容清楚、有条理记10分	20分		
情感目标	学习能力	能收集3款温度传感器的技术参数,每款记5分	15分		
	团队协作能力	能承担小组的分工并协助其他小组成员完成选型任务,记15分	15分		

学习体会:

练一练

1.请列举温度传感器在我们生活中的应用案例。

2.利用网络了解热电偶与热电阻的区别。

任务二　温度传感器的检测

任务目标

能正确连接检测电路;能用数字万用表检测温度传感器的好坏。

任务分析

　　本任务要求先了解检测温度传感器所需的硬件设备,然后按检测电路图连接相关设备,再利用数字万用表测量输出电流或电压,如果输出电量随环境温度变化而变化,说明温度传感器是好的。

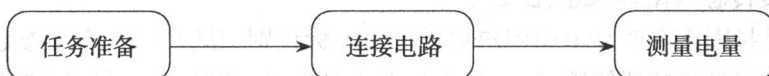

任务准备　→　连接电路　→　测量电量

任务实施

一、任务准备

(一)工具准备

按表2-2-1所示内容准备温度传感器检测任务相关工具。

表2-2-1　检测工具表

序号	名称	功能
1	斜口钳	剪线、剥线头
2	螺丝刀	拆装螺丝钉
3	数字万用表	检测温度传感器输出电流或电压
4	热吹风机	模拟环境温度变化

(二)硬件准备

按表2-2-2所示内容准备温度传感器检测任务相关硬件。

表2-2-2　检测所需硬件表

序号	名称	功能
1	温度传感器	检测环境温度
2	24 V直流电源	为传感器提供直流电源电压
3	1 kΩ电阻器	作为负载
4	面包板	插装元件和连接导线
5	连接导线	用于连接相关硬件

(三)知识准备

1.直流电源

直流电源是将220 V交流电压变换为用户需要的直流电压,一般直流电源可输出固定的直流电压和可变的直流电压,用可调的直流输出端时,可通过旋钮调节得到需要的直流电压。

2.数字万用表

数字万用表具有很多特殊功能,但主要用于测量电压、电阻和电流,测量结果在液晶屏上显示出来。使用时一定要正确选择挡位再测量。

3.温度传感器铭牌(如图2-2-1)

铭牌是指固定在产品上向用户提供厂商商标识别、品牌区分、产品参数等信息的标识牌。在温度传感器铭牌中,一般会标明产品型号、测温范围、供电(工作电压)、输出信号和准确度等信息,一般还会标出接口线中不同颜色的线是接电源+、电源-还是信号输出线,用户需读懂铭牌方能正确使用。

```
           合    格    证
型号:KLCX-HJ2000      范围:-30~60 ℃
供电:DC 24 V          信号:4~20 mA
准确度:±0.2 %         编号:123456
```

图2-2-1　温度传感器的铭牌

铭牌信息如表2-2-3。

表2-2-3　温度传感器技术参数表

参数类型	参数值
型号	KLCX-HJ2000
供电(工作电压)	直流电压24 V
温测范围	$-30 \sim 60$ ℃
输出信号	电流输出4~20 mA
准确度	±0.2 %

该铭牌中没标出不同颜色输出线的功能,可根据型号在网上查找传感器的其他信息。

4.温度传感器使用说明书

温度传感器使用说明书是使用传感器前必须先认真阅读的资料。说明书中对传感器的功能、型号、使用环境条件、结构及原理、技术特性、尺寸、安装要求有详细的说明。对传感器的使用有重要的指导作用。

GWD70矿用温度传感器使用说明书

1.概述

1.1 应用:GWD70矿用温度传感器与KHP151-K-Z带式输送机保护装置主机、KXJ0.3/127S型矿用隔爆兼本质安全型带式输送机保护装置主机配套使用,本设备适用于煤矿有瓦斯、煤尘爆炸危险的环境,作为KHP151-K-Z主机、KXJ0.3/127S主机的温度传感器,通过测量矿用带式输送机需要测试点的温度参数,向主机提供被测温度信号,主机根据处理结果去控制带式输送机运行状态,以达到温度保护的目的。

1.2 型号的组成及代表意义:

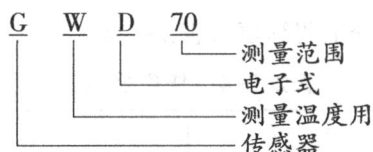

$$\underline{G} \quad \underline{W} \quad \underline{D} \quad \underline{70}$$

G W D 70 —— 测量范围
　　　　D —— 电子式
　　W —— 测量温度用
　G —— 传感器

1.3 防爆型:矿用本质安全型;防爆标志为ExibI。

1.4 使用环境条件:

a.大气压力:80~110 kPa;

b.环境温度:-20~40 ℃;

c.相对湿度:<96%RH(25 ℃时);

d.具有瓦斯、煤尘爆炸性混合物的煤矿井下;

e.无足以腐蚀破坏金属壳体及电气绝缘性的气体;

f.无淋水及其他液体浸入;

g.无强烈振动冲击。

2.结构特征与工作原理

2.1 传感器外壳材料:采用高强度ABS阻燃塑料压制,塑料外壳裸露表面积小于100 cm²。

2.2 电路采用模块化设计:体积小、重量轻。

2.3 工作原理:温度传感器温度探头送给温度传感器的电压信号随温度的变化而变化,温度传感器将额定值与其进行比较,当超过额定值时温度传感器输出控制信号给主机。

3.技术特性

3.1 动作温度:45±2 ℃、55±2 ℃、65±2 ℃、75±2 ℃。

3.2 响应时间:≤10 s。

3.3 动作性能:被测点温度超过动作温度时,传感器输出低电平信号;被测点温度低于动作温度时,传感器输出高电平信号。

3.4 输出信号:高电平≥3 V;低电平≤0.5 V。

4.外形尺寸及重量

4.1外形尺寸:110 mm×75 mm×30 mm;重量350 g。

5.安装

对主滚筒温度的监测,测温点与温度探头距离为10~15 mm;当被测温度达到设定温度(45℃,55℃,65℃,75℃)时,其输出控制端("T")由高电平变为低电平,同时其指示灯熄灭;传感器使用三芯矿用橡套电缆与主机连接,传感器内"+12 V""T""GND"端与主机"+12 V""温度信号输入""GND"端一一对应连接。

6.注意事项

6.1使用前请仔细阅读本使用说明书。

6.2只能与说明书中规定的关联设备连接使用,与其他设备连接时须经防爆检验合格。

6.3检修时不得改变本质安全型电路及与本质安全型电路有关的元器件的规格、型号及电气参数。

(四)任务分工

小组成员讨论分工,将分工明细填入表2-2-4。

表2-2-4　任务分工表

任务内容	负责人
检查硬件	
连接检测电路	
调节直流电源	
检查电路连接	
测量输出信号	
记录测量结果	

二、操作步骤

(一)阅读说明书

认真阅读说明书,了解温度传感器在使用时的要求。

(二)连接检测电路

(1)连接电路,将温度传感器安装在固定架上。

(2)将10 kΩ电阻器插装在面包板上,将电阻器作为传感器输出端的负载。

(3)调节直流电源,使其输出24 V直流电压为传感器供电。

(4)用连接线将传感器、直流电源、电阻器按图2-2-2连接。

(5)检查温度传感器的电源连接是否正确。

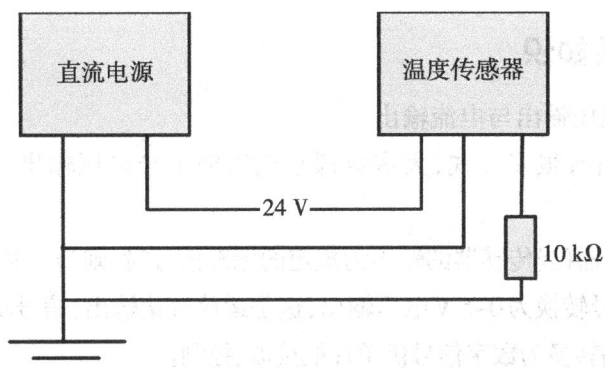

图2-2-2 温度传感器检测电路接线图

(三)测量输出电量

(1)接通温度传感器电源。

(2)用数字万用表测量电阻器两端的电压,可算出传感器输出电流。

(3)打开电吹风的热风挡,在距温度传感器不同的距离(20 cm,40 cm,60 cm)吹传感器,用数字万用表测量输出端负载电压的变化,同时记录在常温以及电吹风距传感器不同距离时的负载两端的电压值,并在图2-2-3上标注出对应的点,然后将各点连接起来,以观察输出电压与温度变化的关系。

注意:有的传感器有防静电要求,如果说明书有提醒,在安装时一定带上防静电手环。

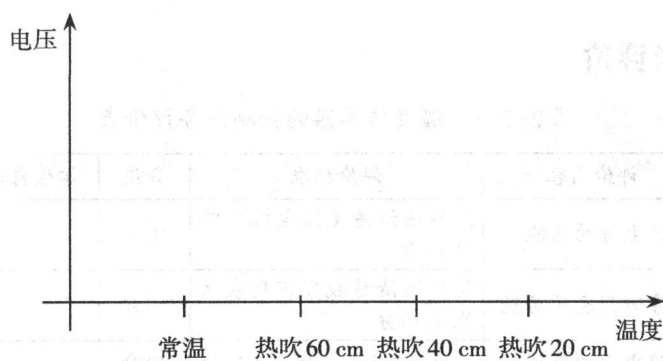

图2-2-3 输出电压与温度变化的关系

(四)判断好坏

如果所测负载电阻两端的电压随温度变化而变化,说明温度传感器正常,反之传感器损坏。

相关知识

传感器的电压输出与电流输出

传感器输出有很多形式,大多数都是电流输出与电压输出,这两种输出有较大区别。

早期的变送器(当传感器的输出为规定的标准信号时,则为变送器)大多为电压输出型,即将测量信号转换为0~5 V电压输出,这是运放直接输出,信号功率<0.05 W,通过模拟/数字转换电路转换为数字信号供单片机读取、控制。

电压输出型变送器抗干扰能力极差,线路损耗使精确度不高。有时输出的直流电压上还叠加有交流成分,使单片机产生误判断,控制出现错误,严重时还会损坏设备,输出0~5 V绝对不能远传,远传后线路压降大,精确度大打折扣。

在信号需要远距离传输或应用环境中有电网干扰较大的时候,电压输出型变送器应用受到了极大限制,暴露了其抗干扰能力差、线路损耗降低精度等缺点,而两线制电流输出型变送器以其极高的抗干扰能力得到了广泛应用。

电流输出、电压输出的传感器都是非常常见的,但是就目前发展趋势来看,电压输出传感器正在逐渐淘汰。现在数字输出的传感器也正在被用户接受,数字输出信号容易处理,便于集成,未来更多的传感器将会选择数字输出。

任务评价

表2-2-5　温度传感器的检测任务评价表

评价指标	评价内容	评价标准	分值	学生自评	老师评估
知识目标	直流电源的功能	能描述清楚直流电源功能记10分	10分		
	数字万用表的功能	能描述清楚数字万用表功能记10分	10分		
技能目标	直流电源的使用	能调出所需直流电压记20分	20分		
	数字万用表的使用	能用数字万用表测量传感器输出电流或电压记20分	20分		
	检测电路的连接	能正确连接检测电路,错1处扣10分	20分		

续表

评价指标	评价内容	评价标准	分值	学生自评	老师评估
情感目标	学习能力	收集3款温度传感器的说明书记10分	10分		
	团队协作能力	能承担小组的分工,并协助其他小组成员完成选型任务记10分	10分		

学习体会:

练一练

1. 用数字万用表测量交流电源插座电压、手机电池直流电压。

2. 用数字万用表测量10个色环电阻阻值。

任务三　温度传感器的安装与调试

任务目标

能正确安装温度传感器及其到计算机端的相关设备,能使用软件配置传感器及其到计算机端的相关设备实现温度数据的采集。

任务分析

在选定温度传感器后,要根据传感器外形和接口特点安装传感器,安装完后打开计算机上的传感器测试软件,观察温度传感器采集到的模拟环境温度发生变化后输出信号同步发生变化的现象,以确定温度传感器是否正确安装。

任务准备 → 连接温度传感器及相关设备 → 配置设备 → 调试温度传感器

任务实施

一、任务准备

(一)工具准备

按表2-3-1所示准备温度传感器安装与调试的相关工具。

表2-3-1　安装与调试工具表

序号	名称	功能
1	斜口钳	剪线、剥线头
2	螺丝刀	拆装螺丝钉
3	可密闭充气袋	模拟大气压力

(二)硬件准备

按表2-3-2所示内容准备温度传感器安装与调试的相关硬件。

表2-3-2 安装与调试所需硬件表

序号	名称	功能
1	温度传感器	检测环境温度
2	24 V直流电源	为传感器及模拟量采集器提供电源
3	模拟量采集器	将传感器输出的模拟信号转换为RS-485接口能识别的信号
4	RS-485/232转换器	将RS-485接口信号转换为RS-232串口信号
5	笔记本电脑	接收温度传感器感知的数据
6	连接导线	用于连接温度传感器和负载等
7	RS-232/USB转换器	将RS-232信号转换为USB接口信号

(三)软件准备

按表2-3-3所示内容准备温度传感器安装与调试的相关软件。

表2-3-3 安装与调试软件表

序号	名称	功能
1	RS-232/USB驱动程序	使笔记本电脑能接收数据
2	CRC计算助手软件	调试串口的软件

(四)知识准备

1.模拟量采集器

模拟量采集器是一款用于采集0~5 V电压信号、4~20 mA电流信号的智能采集模块,也称为模拟量采集模块,其主要原理是将电压和电流信号采集输入,然后通过RS-485通信接口与上位机相连接,通信协议采用工业通信标准的Modbus RTU协议。

2.RS-485/232转换器的功能

RS-232通信接口是在计算机领域与通信工业中应用得最广泛的一种串行接口。RS-485通信接口是传感器和模拟量采集器常用的一种串行输出通信接口。因为一般的计算机只有RS-232接口,若输出接口是RS-485的设备要将数据传输给计算机,需要用RS-485/232转换器将RS-485接口信号转换为计算机能接收的RS-232接口信号。

3. RS-232/USB转换器的功能

因笔记本电脑只有USB通信接口,若其接收温度传感器发送来的温度信号,还需将RS-232串口信号通过RS-232/USB转换器转换为USB信号,所以需要在RS-485/232转换器与笔记本电脑中间再接一个RS-232/USB转换器。当然也可直接在采集器与笔记本电脑中间直接接一个RS-485/USB转换器。

4. RS-232/USB驱动程序

要使与计算机(笔记本电脑)相连的外部设备正常工作,需要在计算机上安装外部设备的驱动程序。所以在笔记本电脑上安装RS-232/USB驱动程序,RS-232/USB转换器才能正常工作。

5. CRC计算助手

CRC即循环冗余校验码,是数据通信领域中最常用的一种查错校验码,其特征是信息字段和校验字段的长度可以任意选定。循环冗余校验码检查是一种数据传输检错功能,对数据进行多项式计算,并将得到的结果附在帧的后面,接收设备也执行类似的算法,以保证数据传输的正确性和完整性。通常用CRC计算助手软件来将数据进行对比。采集器内的数据要正常发送到计算机,需要计算机向采集器发出读写指令,该指令尾部需加上校验码,CRC计算助手就是根据读写指令计算出该指令校验码的软件。因此,计算机可通过该软件与采集器通信,发送读写指令,并接收采集器发送回来的数据。本任务将通过该软件读取温度传感器的数据。

6. 发送指令与返回数据的含义

通过CRC软件向采集器发送指令,当数据通道接通后,采集器会反馈回一个数据,如果数据传输是正确和完整的,可以判断温度传感器安装调试成功。发送的指令一般有8个字节,其含义如下。

发送指令:(字节)** ** ** ** ** ** ** **
　　　　　　　　　 1　 2　 3　 4　 5　 6　 7　 8

发送指令各字节的含义:1-设备地址;2-功能码;3,4-读取起始地址;5,6-读取的通道数;7,8-校验码。

例:发送指令　02　03　00　00　00　01　84　39

02表示模拟量采集器的地址;

03表示从设备读保持寄存器并返回它们的内容功能;

00 00表示读取起始地址从0开始,即从采集器的第一个输入通道开始读;

00 01表示只读取一个通道的数据,如果是00 03表示读取三个通道的数据;

84 39是该指令的校验码。

返回数据:**　**　**　**……**　**　**

　　　　　　1　　2　　3　　4　　　　N　N+1　N+2

返回数据各字节的含义:1-设备地址;2-功能码;3-返回值的字节数;……;N-返回的值;N+1、N+2-校验码。

例:返回数据　02　03　02　21　9F　A4　7C

02表示模拟量采集器的地址;

03表示读设备功能;

02表示返回值的字节数是2个字节;

21 9F表示返回的值是21,9F;

A4 7C表示校验码。

反馈回来的数据不一定是8个字节,根据发送的指令要求读取的数据多少而定。

二、操作步骤

(一)设备的连接

按图2-3-1连接温度传感器、模拟量采集器、RS-485/232转换器、RS-232/USB转换器、笔记本电脑。

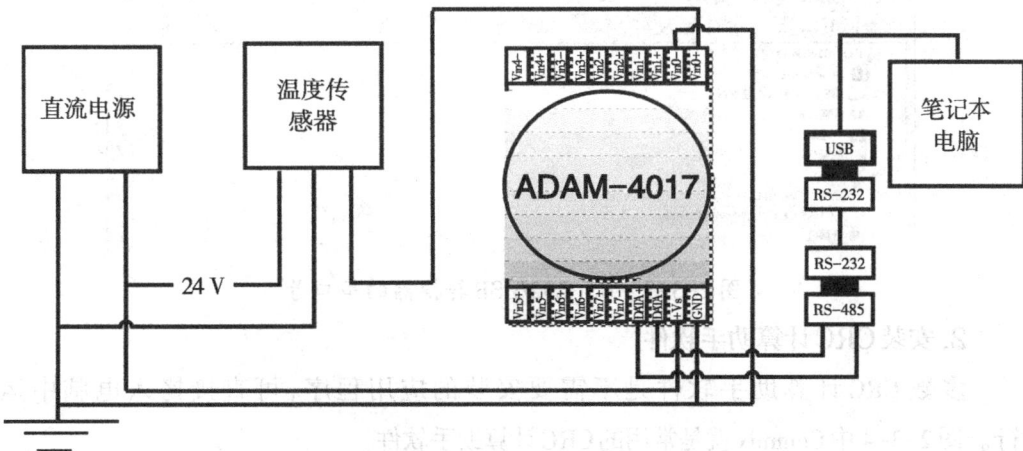

图2-3-1　温度传感器调试电路接线图

(二)设备的配置

1.安装RS-232/USB驱动程序

(1)将RS-232/USB转换器插进笔记本电脑USB接口。

(2)运行RS-232/USB驱动程序的安装程序。注意该驱动程序分32位和64位两种,要求与电脑操作系统匹配。如果电脑是32位的操作系统,需安装32位的驱动程序,电脑是64位的操作系统,需安装64位的驱动程序,否则不能正确安装。点击如图2-3-2安装程序进行安装。

图2-3-2　RS-232/USB驱动程序的安装程序

(3)安装完成RS-232/USB驱动程序后,查看转换器分配的串口号。查看路径:鼠标右击"我的电脑",选"设备管理器",点击"端口",查看串口号,以便运行CRC计算助手软件时设置串口。如图2-3-3串口号是COM3,不同电脑串口号分配可能不一样。

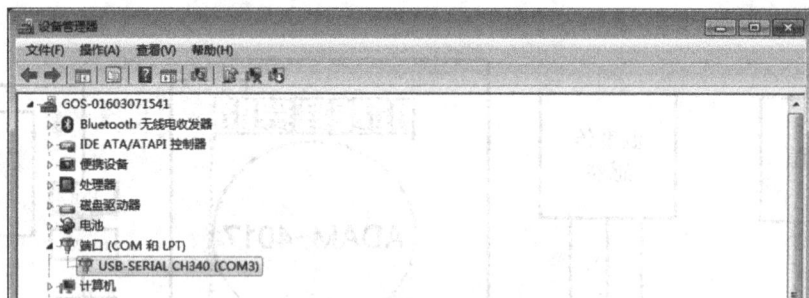

图2-3-3　RS-232/USB转换器的串口号

2.安装CRC计算助手软件

多数CRC计算助手软件是不需要安装的应用程序,可直接拷入电脑中运行。图2-3-4中Commix就是常用的CRC计算助手软件。

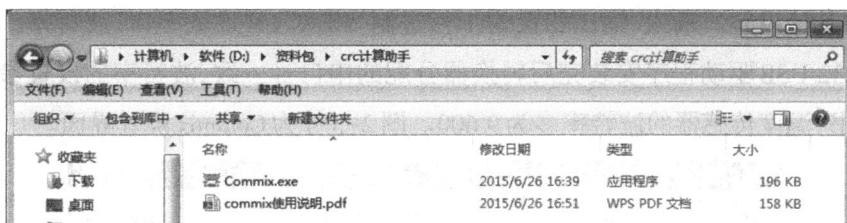

图2-3-4　CRC计算助手软件包

(三)软件的配置

安装调试所需软件后，需配置CRC计算助手软件。打开CRC计算助手软件，如图2-3-5 CRC计算助手软件Commix界面。

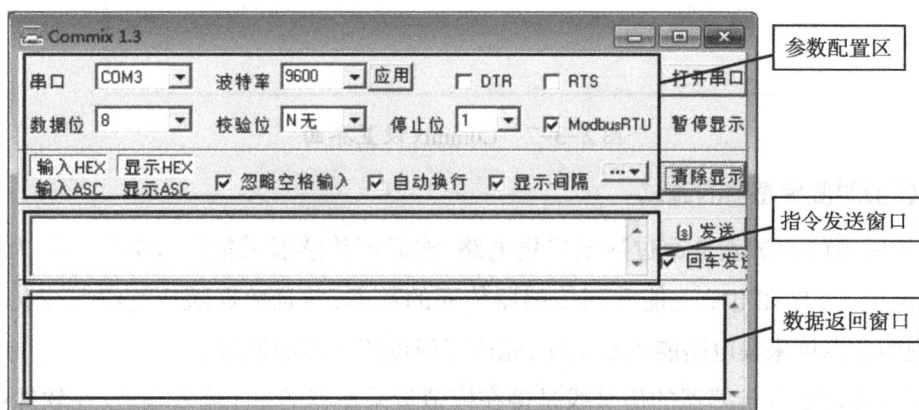

图2-3-5　CRC计算助手软件Commix界面

做如下设置：

(1)冗余校验设置。点击"Modbus RTU"进入设置界面，如图2-3-6所示。选择校验方式"CRC16〔Modbus RTU〕"。

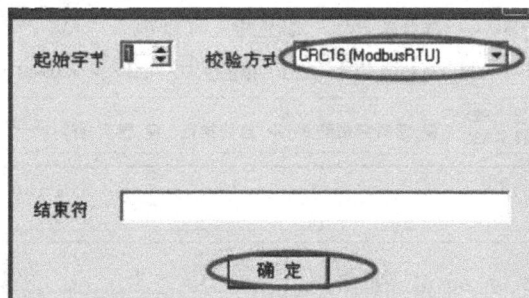

图2-3-6　Modbus RTU设置界面

（2）其他设置。输入、输出均设为十六进制"HEX"，并设置串口、波特率。串口号与RS-232/USB驱动程序安装完后转换器分配的串口号一致，波特率的设置参考设备的说明书，温度传感器的波特率多为9 600。图2-3-7为Commix设置界面。

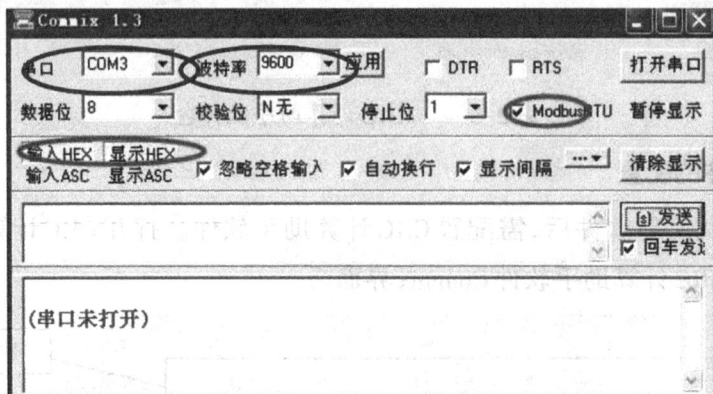

图2-3-7　Commix设置界面

(四)温度传感器的调试

传感器的调试就是通过数据采集电路，将温度传感器采集的数据传给作为控制器的电脑，如果在电脑上能看到传感器传回的数据，并且数据随环境温度变化而变化，说明此温度采集电路能正常工作，完成了温度传感器的调试。

（1）确定温度传感器的信号线是接在模拟量采集器的int1输入端后，在软件Commix发送窗中输入指令02 03 00 00 00 01，点击【发送】，经过软件Commix计算，结果为02 03 00 00 00 01 84 39（指令意义参考本任务"知识准备"中"发送指令与返回数据的含义"），如图2-3-8所示。后两个字节84 39为循环冗余校验码。

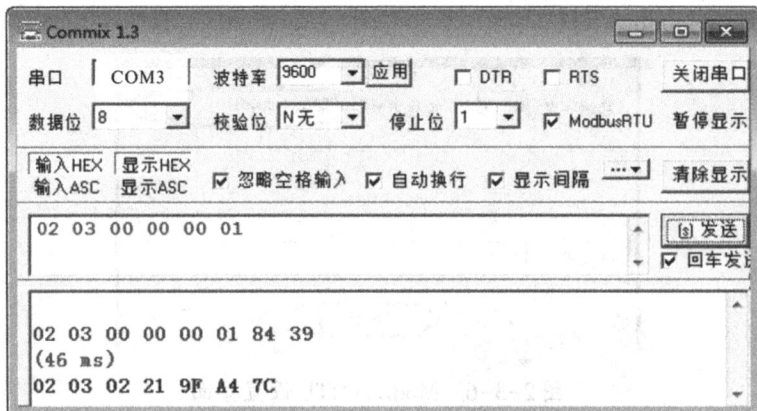

图2-3-8　软件Commix发送指令与返回数据

（2）在发送窗口中输入包含循环冗余校验码的指令02 03 00 00 00 01 84 39，再点击【发送】，在接收窗口中会收到读取到的值02 03 02 21 9F A4 7C。21 9F就是温度传感器发回的温度数据，其所代表的具体温度值需专门的软件解析，所以，目前看到的只是一个十六进制的代码。

（3）用电吹风在距温度传感器不同的距离吹温度探头，重复发送读取指令02 03 00 00 00 01 84 39，观察采集器反馈的数据是否有变化。如果反馈的数据随温度传感器所处环境温度变化而变化，说明从传感器到电脑的温度采集通路良好，传感器安装与调试成功。

相关知识

一、波特率

波特率是指单片机或计算机在串口通信时的速率。指的是信号被调制以后在单位时间内的变化，即单位时间内载波参数变化的次数，如每秒钟传送240个字符，而每个字符格式包含10位（一个起始位，一个停止位，8个数据位），这时的波特率为240 Bd，比特率为10位×240个/秒=2 400 bit/s。又比如每秒钟传送240个二进制位，这时的波特率为240 Bd，比特率也是240 bit/s。但是一般调制速率大于波特率，比如曼彻斯特编码。波特率，可以通俗地理解为一个设备在一秒钟内发送（或接收）了多少码元的数据。它是对符号传输速率的一种度量，1 Bd即指每秒传输一个码元符号（通过不同的调制方式，可以在一个码元符号上负载多个bit位信息），1 bit/s是指每秒传输一个比特。

二、Modbus协议

（一）Modbus协议的概念

Modbus协议是应用于电子控制器上的一种通用语言。通过此协议，控制器之间、控制器经由网络（例如以太网）和其他设备之间可以通信。它已经成为一通用工业标准。有了它，不同厂商生产的控制设备可以连成工业网络，进行集中监控。此协议定义了一种控制器能认识和使用的消息结构，不管它们是经过何种网络进行通信的。它描述了控制器请求访问其他设备的过程，如何回应来自其他设备的请求，以及怎样侦测错误并记录。它制定了消息域格局和内容的公共格式。

当采用Modbus协议网络进行通信时,每个控制器需要知道设备地址,识别按地址发来的消息,以决定要产生何种行动。如果需要回应,控制器将生成反馈信息并用Modbus协议发出。在其他网络上,包含了Modbus协议的消息转换为在此网络上使用的帧或包结构。这种转换也扩展了根据具体的网络解决节地址、路由路径及错误检测的方法。

此协议支持传统的RS-232、RS-422、RS-485和以太网设备。许多工业设备或系统,包括可编程逻辑控制器、分布式控制系统、智能仪表等都在使用Modbus协议作为它们之间的通信标准,本任务所用的模拟量采集器与其他设备通信采用是的Modbus协议。

在任务操作中,通过CRC计算助手软件发送的指令就是根据Modbus协议编写的测试帧,返回的数据同样是根据该协议的格式要求编写且返回的值。

(二)Modbus协议的特点

(1)标准、开放。用户可以放心地免费使用Modbus协议,不需要交纳许可证费,也不会侵犯知识产权。目前,支持Modbus协议的厂家超过400家,支持Modbus协议的产品超过600种。

(2)Modbus协议可以支持多种电气接口,如RS-232、RS-485等,还可以在各种介质上传送,如双绞线、光纤等。

(3)Modbus协议的帧格式简单、紧凑、通俗易懂。使用容易,产品开发简单。

(三)Modbus协议的传输模式

Modbus协议中有两种传输模式可选择。这两种传输模式与从机通信的能力是同等的。选择时应根据所用Modbus协议主机而定,每个Modbus协议网络只能使用一种模式,不允许两种模式混用。一种模式是美国标准信息交换码(ASCII),另一种模式是远程终端设备(RTU)。

选择想要的模式,包括串口通信参数(波特率、校验方式等)。在配置每个控制器的时候,在一个Modbus协议网络上的所有设备都必须选择相同的传输模式和串口通信参数。所选的ASCII或RTU模式仅适用于标准的Modbus协议网络,其定义了在此网络上连续传输的消息段的每一位,以及决定怎样将信息打包成消息域和如何解码。在其他网络上,Modbus协议消息被转成与串行传输无关的帧。在本任务中选的是RTU传输模式。

三、温度传感器的安装要求

温度传感器的种类多,根据适用环境不同,安装要求也不同。典型的温度监测系统有工业高温监测系统、智能家居温度监测系统、智能大棚温度监测系统等。

(一)工业高温监测

工业高温监测常用的传感器是热电偶。由于热电偶直接和被测对象接触,不受中间介质的影响,因而测量精度高,并且可以在-200~1 600 ℃范围内进行连续测量,甚至有些特殊热电偶,如钨-铼热电偶,可测量高达2 800 ℃的高温,且构造简单,使用方便,热电偶如图2-3-9所示。

图2-3-9 热电偶

安装注意事项如下:

1.安装的位置

热电偶的安装应尽可能靠近需测量的温度控制点,使其测量端与被测介质充分接触,远离强磁场和强电场。热电偶的测温点选择应具有代表性,不能安放在被测介质很少流动的区域内。当测量管道内气体的温度时,必须使热电偶逆着流动方向安装;当测量管道中流体的温度时,必须使热电偶的测量端处于管道中流速最大处,且使其保护套管的末端越过流速中心线;当测量固体温度时,必须使热电偶的测量端与被测体表面紧密顶靠,并减少接触点附近的温度梯度,以减少导热误差。图2-3-10为热电偶安装示意图。

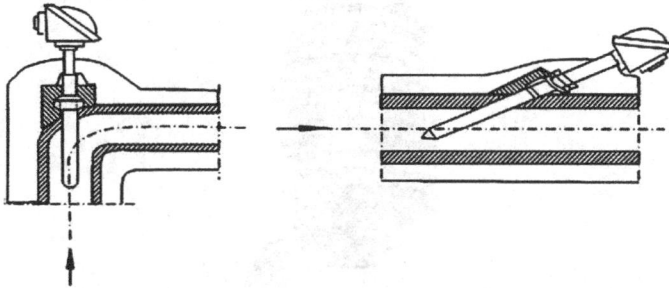

图2-3-10 热电偶安装示意图

2.插入的深度

热电偶安装时,应将其浸入被测介质之中,并有一定的浸入深度。一般情况下,当采用金属保护套管时,插入深度应为其直径的15~20倍;当采用非金属保护套管时,插入深度应为其直径的10~15倍。

3.热辐射作用

在热电偶附近如果存在与其具有一定温差的较大物体时,热电偶将接受辐射能,从而显著改变被测介质的温度。此时可采用辐射屏蔽罩来使其温度接近气体温度,即使用屏蔽式热电偶。

4.补偿导线的作用

补偿导线是指连接热电偶接线盒与温度指示仪表的一对带有绝缘层的导线。正确地使用补偿导线,不但可以将热电偶的参考端延伸到热源或环境温度较恒定的地方,改善其测温线路的机械物理性能,而且还能降低测量线路的成本,提高测温准确性,即起到补偿温度作用。补偿导线的使用还应注意,其两连接点的温度应相同,且不得超过规定的使用温度(普通型不大于100 ℃,耐热型不大于200 ℃),同时保证与热电偶连接时其极性不得接反,否则将产生附加热电动势,对回路纵热电动势产生影响,从而增大测温误差。

(二)智能大棚温度监测

农业大棚一般湿度较重,温湿度传感器经常在高湿度的条件下或者喷水雾时水雾直接接触到温湿度传感器,导致传感器没法使用。农业大棚一般使用温湿度控制器,一般探头使用温湿度模块,要求较高的就使用温湿度变送器。图2-3-11为一种大棚温湿度传感器。

图2-3-11　大棚温湿度传感器

安装注意事项：

(1)为避免盲点，应在大棚的前、中、后三个区域都安置传感器。

(2)传感器应安装在没有遮挡、不受光线直射或其他没有热源辐射的地方。

(3)传感器应安装在植物上方，避免喷水雾装置对其影响。

安装位置如图2-3-12所示。

图2-3-12 大棚温湿度传感器安装示意图

(三)智能家居温度监测

在智能家居系统中，也用温度传感器来采集室内环境温度。图2-3-13为某一种类型的室内温湿传感器。

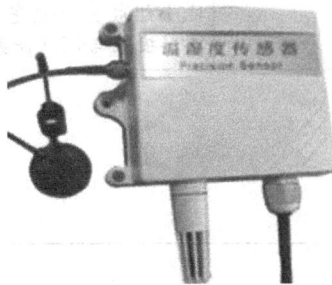

图2-3-13 室内温湿度传感器

安装中应注意以下两点：

(1)室内温湿度传感器可直接安装于墙面或墙体掩埋盒内。为保证测量精度，应将传感器安装于墙内侧。

(2)安装位置应距窗户、通风口、冷热源较远。

任务评价

表2-3-4　温度传感器的安装与调试任务评价表

评价指标	评价内容	评价标准	分值	学生自评	老师评估
知识目标	模拟量采集器的功能	能描述功能记5分	5分		
	通信接口转换器的功能	能描述功能记5分	5分		
	CRC的含义	能描述含义记5分	5分		
	波特率的含义	能描述含义记5分	5分		
	Modbus协议的概念	能描述概念记5分	5分		
	本任务中Modbus指令的含义	能解释指令的含义记5分	5分		
技能目标	温度传感器调试电路的安装	能正确连接各调试设备,错1处扣5分	10分		
	安装设备驱动程序	RS-232/USB转换器能正常工作记10分	10分		
	CRC计算助手软件的设置	CRC计算助手软件设置正确记10分	10分		
	采集温度传感器的数据	能读取模拟量采集器的数据记10分	10分		
情感目标	学习能力	能收集与知识准备相关的拓展知识3条,每条记5分	15分		
	团队协作能力	能承担小组的分工,能与其他小组成员一起完成温度传感器安装与调试任务记15分	15分		

学习体会:

练一练

1.在网上收集Modbus协议相关资料。

2.在网上收集RS-232/USB、RS-485/232、RS-485/USB转换器的驱动程序。

3.配置CRC计算助手软件。

4.收集两款温度传感器说明书,认真阅读。

项目三 人体感应传感器的安装与调试

　　小王新建了一个温室蔬菜育种阳光棚,安装了一个感应门,当人走到门口门就自动打开了,村民们很好奇,纷纷来参观。其实这种感应门在许多酒店、银行都有安装,它能感应到人的靠近并自动做出反应,人体感应技术在安防系统有广泛应用。

　　本项目通过为酒店的自动感应门选择一款合适的人体感应传感器,学习如何根据系统要求选择和检测人体感应传感器。

目标类型	目标要求
知识目标	(1)能描述人体感应传感器的功能和工作原理 (2)能描述人体感应传感器的主要性能指标 (3)能描述人体感应传感器的检测方法
技能目标	(1)能正确进行人体感应传感器的选型 (2)能检测人体感应传感器的好坏 (3)能正确安装人体感应传感器 (4)能正确使用软件配置人体感应传感器,实现人体感应传感器的数据采集
情感目标	(1)培养学生安全意识 (2)培养学生团队合作意识 (3)培养学生信息收集能力 (4)培养学生规范操作意识

任务一 人体感应传感器的选型

任务目标

了解热释电效应基本原理;掌握人体感应传感器工作原理;能分析人体感应传感器的主要技术参数;能进行人体感应传感器选型。

任务分析

本任务在了解人体感应传感器的功能和性能指标基础上,根据某酒店感应门的工作环境分析,选择一款适合安装在感应门上的人体感应传感器。

```
任务准备  →  场景分析  →  搜索人体感应传感器
```

任务实施

一、任务准备

(一)工具准备

可上网的电脑或手机。

(二)知识准备

上网查看人体感应传感器实物图片、结构和详细参数。

1. 人体感应传感器的功能

常用的人体感应传感器,亦叫人体红外线传感器,是一种利用红外线的物理性质来进行测量的传感器。

红外线又称红外光,它具有反射、折射、散射、干涉、吸收等性质。任何物质,只要本身具有一定的温度(高于绝对零度−273 ℃),都能辐射红外线。红外线传感器测量时不与被测物直接接触,因而不存在摩擦,并且有灵敏度高、反应快等优点。因此,红外线传感器应用领域广泛,如大气污染检测、气象预报、温度测量、烟雾报警、人体感应、防盗监测等。

人体感应开关,又叫热释人体感应开关、红外智能开关,是人体感应传感器的典型应用。它采用目前最先进的人体红外热释感应技术,主动判断人体的走近及离开:当有人走进感应区内,感应开关自动开启,负载电器开始工作,并启动延时系统;当人体离开感应区后,感应器开始计算延时,延时结束,感应器开关自动关闭,负载电器停止工作。

2.人体感应传感器主要性能指标

选用人体感应传感器时需要考虑的主要性能指标包括视角、探测距离、工作电压、工作温度、延迟时间这五大指标。

(1)视角。即人体感应传感器可以感知的空间角度范围。部分传感器在不同方向上视角不同,因此又细分为水平视角和垂直视角。

(2)探测距离。即人体感应传感器响应有效的距离范围。

(3)工作电压。即人体感应传感器要正常工作应接入的电源电压。以电池供电的无线人体感应传感器还要考虑电池供电时间。

(4)工作温度。即人体感应传感器正常工作的环境温度,一般在-15~70 ℃。

(5)延迟时间。人体离开感应区后,人体感应传感器开始计算延时,延迟时间一般在5 s到10 min,有些人体感应传感器的延迟时间可以根据需求调整。

表3-1-1和表3-1-2是两款人体感应传感器的主要技术参数。

表3-1-1　人体感应传感器的主要技术参数(一)

技术参数	参数值
感应方式	人体移动
产品尺寸	98 mm×46 mm
视角	天花板安装360°
工作电压	AC 185~245 V(50 Hz/60 Hz)
延迟时间	16~350 s可调
负载功率	接白炽灯≤1 000 W;节能灯≤400 W;LED灯/射灯≤200 W

表 3-1-2　人体感应传感器的主要技术参数(二)

技术参数	参数值
感应方式	人体移动
感应原理	人体红外
产品尺寸	98 mm×46 mm
自身功率	<0.03 W
感应距离	≤8 m
工作温度	−20~50 ℃
工作电压	AC 110~245 V(50 Hz/60 Hz)
负载能力	接白炽灯≤200 W;节能灯 5~100 W;LED 灯/射灯 5~50 W
视角	墙壁安装 40°/天花板安装 360°
延迟时间可调	出厂默认 16 s 左右,可调范围 16~350 s(其他延时可以根据客户要求定做,请联系客服协商)

3.人体感应传感器的选型依据

(1)灵敏度。

按照不同的应用场合,选择灵敏度适宜的人体感应传感器。如果灵敏度过高,可能造成误报警;如果灵敏度过低,可能造成漏报警。一般而言,在安防应用中,防区范围内不应出现任何非法侵入者,应当选择灵敏度高的人体感应传感器;而在日常生活的一般应用中则应选用灵敏度适中的传感器,灵敏度过高将带来大量的误操作,引发不便;在某些近距离感应应用中,为了消除远处移动物体带来的背景干扰,也可能会选择灵敏度较低的传感器。此外,越高的灵敏度意味着越高的经济成本,这也是重要的考虑因素。

(2)视角。

如果视角过窄,将不能满足对监控区间的全面覆盖要求。在实际选购人体感应传感器时,应先确定监控范围和安装位置,以此计算所需的视角。

(3)相关技术标准要求。

技术标准为产品或技术应满足的性能提出了要求,往往是行业应用应遵循的规范。因此,在人体感应传感器选型时,应根据应用环境(特别是特殊应用环境)选择合适的技术标准规定作为选型依据。如:GB10408.5-2000《入侵探测器 第5部分:室内用被动红外探测器》、GB/T 13584-2011《红外探测器参数测试方法》、GB/T 17444-2013《红外焦平面阵列参数测试方法》等都是国家对温度传感器使用的具体要求。

(三)任务分工

完成表3-1-3。

表3-1-3　任务分工表

任务内容	负责人
统计某酒店自动感应门人流进出量	
调查某酒店对自动感应门探测距离、工作电压、工作温度、视角、延迟时间等的需求	
查询一款符合某酒店要求的人体感应传感器,并完成人体感应传感器参数表	

二、操作步骤

(一)任务场景分析

完成表3-1-4。

表3-1-4　对某酒店自动感应门应用场景分析表

分析的问题	分析的结果
自动感应门分析	□方便人流进出□有利于建筑节能
自动感应门感应距离	□太远□太近□合适
自动感应门感应角度	□太大□太小□合适
自动感应门延迟时间	□太长□太短□合适
所选人体感应传感器的价格范围	□50元以下□50~100元□100~200元□200~1 000元

(二)查询人体感应传感器

根据以上分析,上网查询一款具体的人体感应传感器,完成下表。

表3-1-5　人体感应传感器参数表

参数类型	参数值
型号	
厂家	
价格	
产品尺寸	
自身功率	
探测距离	
工作温度	

续表

参数类型	参数值
工作电压	
负载能力	
视角	
安装高度	
延迟时间	

（三）提交任务报告

提交表3-1-3~表3-1-5。

相关知识

一、人体感应传感器的分类

（一）按人体感应传感器基本探测机理分类

人体感应传感器按基本探测机理可以分为热探测器和光子探测器,本项目主要介绍热探测器。热探测器利用红外辐射的热效应,在探测敏感元吸收辐射能后温度升高,进而其某些相关物理量发生变化,通过对这些物理量变化的测定来确定红外辐射的物理性质。热探测器主要分为四类:气动型、热电偶型、热敏电阻型、热释电型。

1. 气动型

充气容器受热辐射后温度升高,气体体积膨胀。利用该原理测其容器壁的变化,可以确定红外辐射的强度。这种气动型红外探测器又称为高莱管。

2. 热电偶型

利用热电偶接受红外线并测定温度的变化。

3. 热敏电阻型

热敏电阻具有电阻值随温度变化而显著改变的特性,热敏电阻型红外传感器就是利用热敏电阻制作的红外探测器。受红外辐射后,温度变化引起阻值变化,在固定偏压下电流就会随之变化,利用电流的变化来检测受到的辐射强度。

4. 热释电型

利用热释电材料受热产生极化电场变化的特点来感知红外线。其由于具有功耗小、隐蔽性好、价格低廉等优点而应用广泛。

（二）按人体感应传感器结构分类

按人体感应传感器结构具体可以分为三大类,主要有双元型传感器、四元型传感器以及温补单元型传感器。其中双元型传感器和四元型传感器能够在防盗设备中进行实际的运用,具体功能就是检查是不是有人出现。温补单元型传感器经常被用在辐射高温计以及相应的气体分析装置中,有的时候也可以用于火焰检测器。相对来说,我们在实际工作以及生活中,使用最多的传感器类型是双元型传感器,该传感器的主要功能和作用就是在工作过程中检测相应目标的出现及其具体运动方向。

二、人体感应传感器的工作原理

目前,应用于人体感应的传感器多数是热释电红外传感器。

1. 热释电效应的基本原理

对于各向异性晶体,晶体存在着自发电极化。晶体的温度发生变化时,晶体的自发极化强度也随之改变,与极化强度方向垂直的晶体表面就会产生剩余电荷。这种晶体随温度变化而产生电荷的现象称为热释电效应。但是,通常情况下这类晶体并不显出外电场。只有当晶体的温度变化比较快而内部或外界的电荷来不及补偿热释电效应产生电荷时,晶体才会对外显示电场。热释电效应原理如图3-1-1所示。

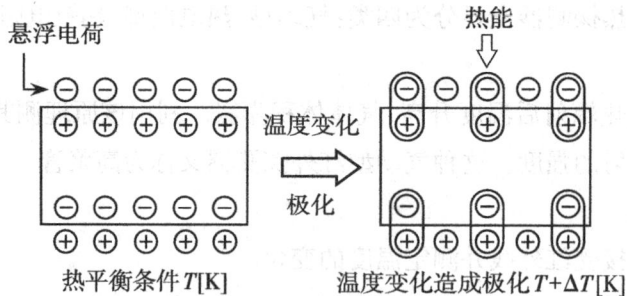

图3-1-1　热释电效应原理图

晶体吸收外部辐射,温度升高,电偶极矩产生变化,然后产生电流,所产生的电流大小与晶体的温度变化率成正比。热释电探测器探测的是引起温度变化的辐射。且晶体温度单一变化时,偶极子之间的距离和键角发生变化,使极化强度发生变化。极化强度的大小等于单位体积的偶极矩,与出现在晶体电极表面单位面积内的面电荷成正比。当晶体温度不变时,晶体表面的电荷被来自外部的自由电荷中和。晶体温度变化越大,极化强度变化就越大,表示大量的电荷聚集在电极。电流为单位时间电荷的变化,所以,当晶体温度单一变化的时候便产生电流。

热释电效应与熟知的温差电效应不同。温差电效应是由于电偶两端的温度不同而产生电动势。而热释电效应是由于某些电介质的自发极化随温度变化产生的。热释电效应只对温度的变化有响应。使物体温度发生变化的热交换方式有传导、对流和辐射,但经常使用的是辐射加热使热释电材料升温,所以热释电效应的主要应用是制作红外传感器,又称红外探测器。这类探测器是以"光—热—电"的转换方式来检测发射红外线的物体,所以是一种热敏型器件。

小知识

晶体是原子、离子或分子按照一定的周期性,在结晶过程中,在空间排列形成具有一定规则的几何外形的固体。晶体通常呈现规则的几何形状,其内部原子的排列十分规整严格。晶体的三个特征:(1)晶体拥有整齐规则的几何外形;(2)晶体拥有固定的熔点,在熔化过程中,温度始终保持不变;(3)晶体有各向异性的特点。

2.热释电红外传感器的结构

热释电红外传感器的内部结构如图3-1-2所示。它由热电敏感元件、滤光片、场效应管(FET)和高阻值电阻组成的信号处理电路等构成。一般需在热释电红外传感器正上方覆盖菲涅尔透镜,增强探测能力,增加探测距离,形成一个完整的热释电红外传感器模块。

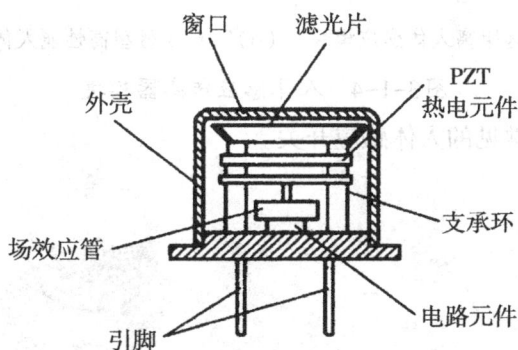

图3-1-2 热释电红外传感器结构图

3.热释电红外传感器的工作原理

当红外光透过菲涅尔透镜照射到敏感元件表面时,引起敏感元件温度升高,使其极化强度降低,表面电荷减少。这相当于热辐射导致敏感元件释放出一部分电荷。如果将负载电阻与铁电体薄片相连,则负载电阻上便产生一个电信号输出。输出信号的大小取决于薄片温度变化的快慢,从而反映出入射红外光的强度。从而,热释电红外传感器的电压响应率正比于入射红外光的变化率。当恒定的红外光照射在热释电红外传感器上时,传感器没有电信号输出,而只有热电体处于变化过程中才有电信号输出。所以,必须有交变的红外光照射,不断引起传感器的温度变化,才能导致热释电产生并输出交变信号。

图 3-1-3　人体感应传感器

图3-1-4是两种常见的人体感应传感器模块。

(a)SL620小型远距离人体感应模块　　(b)SL621微型高性能人体红外感应模块

图 3-1-4　人体感应传感器模块

图3-1-5是两种常见的人体感应开关。

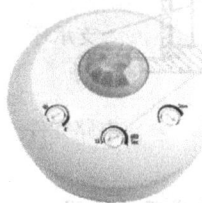

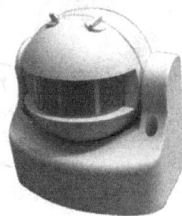

(a)360°红外吸顶感应开关　　　　(b)壁装红外人体感应开关

图 3-1-5　人体感应开关

三、人体感应传感器的应用

人体感应传感器在银行取款机触发监控录像、航空航天技术、保险柜以及工业生产中都有广泛的应用。在日常生活中,如宾馆、饭店、车库的自动门,自动热风机上都有应用。在安全防盗方面,如资料档案、财会、金融、博物馆、金库等重地,通常都装有由各种人体感应传感器开关组成的防盗装置。在测量技术中,如长度、位置的测量;在控制技术中,如位移、速度、加速度的测量和控制,也都使用了大量的人体感应传感器。

任务评价

表3-1-6 人体感应传感器的选型任务评价表

评价指标	评价内容	评价标准	分值	学生自评	老师评估
知识目标	人体感应传感器的主要性能指标	缺1个扣2分	10分		
	人体感应传感器的工作原理	能描述工作原理记10分	10分		
	人体感应传感器的功能	能描述功能记10分	10分		
技能目标	资料的搜索与查寻	能搜索适合本任务要求的传感器记10分,能查寻到其详细参数记10分	20分		
	人体感应传感器课件	能完成PPT制作记10分,内容清楚、有条理记10分	20分		
情感目标	学习能力	能收集3款温度传感器的技术参数,每款记5分	15分		
	团队协作能力	能承担小组的分工并协助其他小组成员完成选型任务记15分	15分		

学习体会:

练一练

1.请列举人体感应传感器在我们生活中的应用案例。

2.利用网络查看几款人体感应传感器详细参数。

任务二 人体感应传感器的检测

任务目标

在选定人体感应传感器后,能根据现场情况、传感器外形和接口特点将人体感应传感器正确地安装在监测区域;并能通过观察ADAM-4150数字量采集器指示灯来检测人体感应传感器的好坏。

任务分析

本任务主要是判断人体感应传感器的好坏。通过数字量采集器观察人与传感器不同距离时人体感应传感器的输出信号变化情况,以确定传感器的好坏。

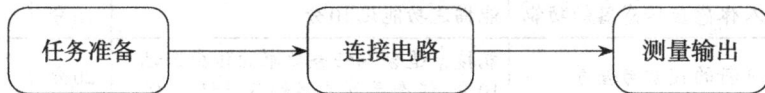

```
任务准备  →  连接电路  →  测量输出
```

任务实施

一、任务准备

(一)工具准备

按表3-2-1所示内容准备人体感应传感器检测的相关工具。

表3-2-1 人体感应传感器检测的相关工具

序号	名称	功能
1	剥线钳	剪线、剥线头
2	螺丝刀	拆装螺丝钉
3	数字万用表	测量传感器的输出电压

(二)硬件准备

按表3-2-2所示内容准备人体感应传感器检测的相关硬件。

表3-2-2 人体感应传感器检测的相关硬件

序号	名称	功能
1	人体感应传感器	检测是否有人靠近
2	24 V直流电源	为传感器和数字量采集器提供工作电压
3	连接导线	用于连接相关硬件
4	ADAM-4150数字量采集器	接收传感器的输出信号

(三)知识准备

1. 人体感应传感器使用说明书

人体感应传感器使用说明书提供厂家,产品型号以及传感器的视角、探测距离、工作电压、工作温度、延迟时间等详细参数,如表3-2-3,对传感器的使用有重要的指导作用。

表3-2-3 某人体感应传感器使用说明书

厂家	××
功能特点	基于红外线技术的自动控制产品,当有人进入开关感应范围时,专用传感器探测到人体红外光谱的变化,开关自动接通负载,人不离开感应范围,开关将持续接通;人离开后,开关延时自动关闭负载。人到灯亮,人离灯熄,亲切方便,安全节能
使用范围	应用于走廊、楼道、卫生间、地下室、仓库、车库等场所的自动照明、排气扇的自动抽风以及其他电器的智能控制等,同时可用于防盗等
双极性设计	三线接驳,且负载能力强,12 A继电器控制输出可接任何灯具和电器,阻性负载1 000 W,感性负载500 W
全自动感应	人来开关立即接通,人离开后延时自动关闭
继电器开关	接通负载力强,继电器开关使用寿命10万次
自动测光	光线强时不感应(出厂设置),带感光调节(也可调节在任意光线下感应或全天候感应)
自动随机延时(可连续延时方式)	人在感应范围活动,开关始终接通
延迟时间可调	16~350 s(也可根据客户要求定做,定做范围零点几秒至30 min)
超低功耗	开关自身功耗<0.03 W·h(年耗电<0.14 W·h),比其他品牌同类产品更加节电
防雷功能	特设防雷器件,可有效防止雷电等瞬间高压对开关造成的损害

续表

电性参数			
感应方式	人体移动	工作电压	AC 180~240 V(50 Hz/60 Hz)
感应原理	人体红外	自身功率	<0.03 W·h
感应距离	5~8 m	负载能力	阻性1 000 W,感性500 W(控制白炽灯≤1 000 W,节能灯、日光灯≤500 W,LED灯、射灯≤200 W)
感应角度	140° 圆锥角	负载范围	白炽灯、日光灯、节能灯、LED灯等各类负载
光控感应	5~500 lx(可调)	环境温度	−20~50 ℃

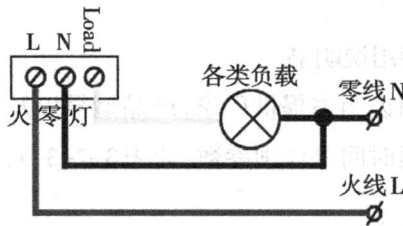

感应范围图示		

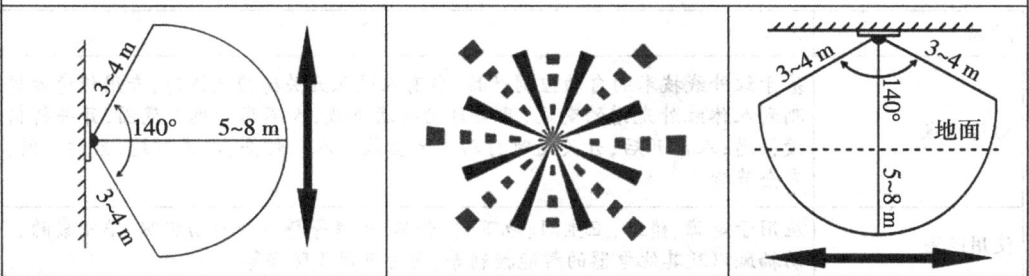

电能损益表(参考)

不采用节能开关		采用节能开关		年省电量(一个灯)
每晚工作时间	年耗电量	每晚工作时间	年耗电量	>102.2 kW·h(省电70%以上)
>10 h	>146 kW·h	<3 h	<43.8 kW·h	

从该说明书可以看出这款人体感应传感器主要性能指标,如视角、探测距离、工作电压、工作温度、延迟时间等。如该说明书中没有指出不同颜色输出线的功能,用户可根据型号在网上查找。

2.远程数据采集和控制模块ADAM-4000系列

ADAM-4000系列是通用传感器到计算机的便携式接口模块,专为在恶劣环境下的可靠操作而设计。该系列产品具有内置的微处理器,其可以独立提供智能信号(包括模拟量、数字量)调理和RS-485通信等功能。

(1)远程可编程输入范围。ADAM-4000系列在存取多种类型及多种范围的模拟量、数字量输入方面具有显著的优点。通过在主计算机上输入指令,就可以远程选择I/O类型和范围,对不同的任务可以使用同一种模块,极大地简化了设计和维护的工作,仅用一种模块就可以处理整个工厂的测量数据。由于所有模块均可由主机远程配置,因此不需要任何物理性调节。

(2)灵活的网络配置。ADAM-4000系列模块仅需要两根导线就可以通过多点式的RS-485网络与控制主机互相通信,与任何计算机系统兼容。

(3)ADAM-4000系列模块可使用10~48 V的未调理直流电源。

(4)ADAM-4000系列模块使用EIA RS-485通信协议。该协议是工业应用中广泛采用的双向平衡式,传输线路标准EIA RS-485是专为工业应用而开发的通信协议。ADAM-4000模块具有远程高速收发数据的能力。

3. ADAM-4150数字量采集器简介

ADAM-4150模块带有数字量输入和输出功能,可用于报警和事件计数,模块的数字量输入通道还可用来检测远程数字量信号的状态,其特点如下:

(1)数字量I/O模块有7通道输入及8通道输出。

(2)电源输入范围:DC 10~48 V。

(3)有易于监测状态的LED指示灯。

(4)有数字滤波器功能。

(5)DO通道支持脉冲输出功能。

图3-2-1是ADAM-4150数字量采集器。

图3-2-1　ADAM-4150数字量采集器

ADAM-4150数字量采集器的引脚,如图3-2-2所示。

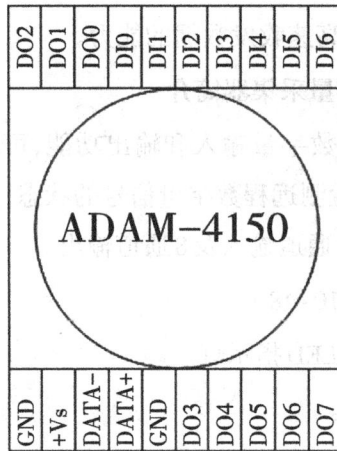

图3-2-2　ADAM-4150数字量采集器的引脚示意图

(1)DI0~DI6,数字量输入,有7通道输入。

(2)DO0~DO7,数字量输出,有8通道输出。

(3)+Vs接电源正极。

(4)GND接电源负极。

(5)DATA+、DATA-接RS-485接口。

(四)任务分工

完成表3-2-4。

表3-2-4 任务分工表

任务内容	负责人
连接检测电路	
检查电路连接	
调节直流电源	
检查电路连接	
测量输出信号	
观察ADAM-4150数字量采集器DI指示灯	
记录测量结果	

二、操作步骤

(一)阅读说明书

认真阅读说明书,了解人体感应传感器在使用时的要求。

(二)连接检测电路

(1)将人体感应传感器安装在固定架上。

(2)调节直流电源使其输出24 V直流电压为传感器和数字量采集器供电做准备。

(3)按图3-2-3连接人体感应检测电路。

(4)检查检测电路连接是否正确。

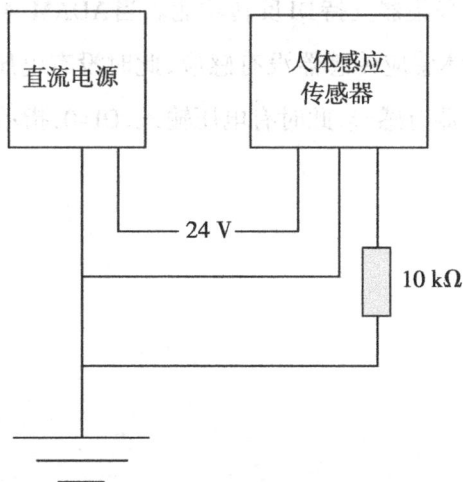

图3-2-3 人体感应检测电路图

(三)观察人体感应传感器输出信号

(1)接通传感器和数字量采集器的电源。

(2)观察ADAM-4150数字量采集器对应状态指示灯DI的变化,当人体感应传感器没有感应到人时,数字量采集器状态指示灯DI常亮;当人体感应传感器感应到人时,状态指示灯DI熄灭,延时一段时间重新亮。通过对数字量采集器状态指示灯DI变化的观察,可以判断人体感应传感器是否正常工作。

(3)调整人体感应传感器的方向,正常情况下在没有感应到人时,用数字万用表在传感器的信号输出端应测得一个低电平;当感应到人靠近时,输出端的低电平会跳变为一个高电平,延时一段时间后又恢复为低电平。也可由此判断人体感应传感器的好坏。

对于不同人体感应传感器,输出电平的变化和数字量采集器指示灯的变化可能会不一样,一定要先认真阅读说明书,了解正常的传感器在各种状态下输出电平的变化情况,才能正确判断传感器的好坏。

相关知识

ADAM-4150数字量采集器的电压输入

ADAM-4150数字量采集器支持DI反转功能。当ADAM-4150数字量采集器接通电源后,默认状态下(人体感应传感器没有感应,此时没有电压输入)DI=1,对应的指示灯亮;当人体感应传感器有感应,此时有电压输入,DI=0,指示灯灭。

任务评价

表3-2-5　人体感应传感器的检测任务评价表

评价指标	评价内容	评价标准	分值	学生自评	老师评估
知识目标	ADAM数字量采集器的功能	能描述ADAM数字量采集器的功能记10分	10分		
	人体感应传感器的引线	能根据说明书描述各引线的作用,错1处扣5分	20分		
	ADAM-4150数字量采集器的引脚	能描述数字量采集器各引脚的作用,错1处扣2分	20分		
技能目标	数字万用表的使用	能用数字万用表测定传感器的输出电压记10分	10分		
	检测电路的连接	能正确连接检测电路,错1处扣5分	20分		
情感目标	学习能力	能收集1款人体感应传感器和ADAM-4150数字量采集器说明书,1个记5分	10分		
	团队协作能力	能承担小组的分工,并协助其他小组成员完成选型任务记10分	10分		

学习体会:

练一练

利用网络查找几款ADAM-4000系列数字量采集器的引脚示意图,并描述各符号的含义和功能。

任务三　人体感应传感器的安装与调试

任务目标

能根据现场情况和传感器外形与接口特点将人体感应传感器正确地安装在监测区域；能正确连接 ADAM-4150 数字量采集器；能正确连接电源和信号线；能通过电脑观察人体感应传感器的工作状态。

任务分析

选定人体感应传感器后，要根据传感器外形和接口特点安装传感器。安装完后，打开电脑上的传感器测试软件，观察人体感应传感器采集到的人靠近后输出信号同步发生变化的现象，以判断人体感应传感器采集系统是否正常工作。本任务工作流程如下：

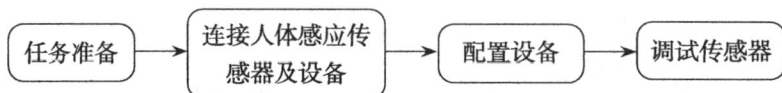

任务准备 → 连接人体感应传感器及设备 → 配置设备 → 调试传感器

任务实施

一、任务准备

(一)工具准备

按表 3-3-1 所示内容准备人体感应传感器安装与调试的相关工具。

表 3-3-1　人体感应传感器安装与调试相关工具

序号	名称	功能
1	剥线钳	剪线、剥线头
2	螺丝刀	拆装螺丝钉

(二)硬件准备

按表3-3-2所示内容准备人体感应传感器安装与调试的相关硬件。

表3-3-2　人体感应传感器安装与调试相关硬件

序号	名称	功能
1	人体感应传感器	检测人体的靠近,输出开关信号
2	24 V 直流电源	为人体感应传感器及数字量采集器提供电源
3	ADAM-4150 数字量采集器	将人体感应传感器输出的数字信号转换为RS-485接口能识别的信号
4	RS-485/232 接口转换器	将RS-485信号转换为RS-232串口信号
5	RS-232/USB 转换器	将RS-232信号转换为USB接口信号
6	连接导线	连接人体感应传感器和负载等
7	笔记本电脑	观察传感器采集到的数据

(三)软件准备

按表3-3-3所示内容准备人体感应传感器安装与调试的相关软件。

表3-3-3　人体感应传感器安装与调试相关软件

序号	名称	功能
1	RS-232/USB 转换器驱动程序	使笔记本电脑能接收数据
2	CRC计算助手软件	调试串口
3	ADAM-4150 配置软件(ADAM-4000-5000Utility程序)	配置数字量采集器 ADAM-4150 的工作参数,使其能正常接收传感器的数据。

(四) 知识准备

发送指令与返回数据的含义

通过CRC软件向采集器发送指令,当数据通道接通后,采集器会反馈回一个数据,如果数据传输是正确和完整的,可以判断人体感应传感器安装调试成功。发送的指令一般有8个字节,其含义参见项目二任务三。

例:发送指令　01　01　00　03　00　01　0D CA

　　　　　　　1　2　3　4　5　6　7　8

各字节的含义:1-01表示数字量采集器的地址;2-01表示从设备读取输出触点的状态(数字量);3,4-00 03表示读取起始地址从3开始,即从采集器的第3个输入通道开始读;5,6-00 01表示只读取一个通道的数据,如果是00 03则表示读取三个通道的数据;7,8-OD CA 是该指令的校验码。

返回数据: FF   **   00

　　　　　　　　1　　2　　3

由于人体感应传感器传来的是数字信号,所以只有一个字节的信号,接收到的信号例如"FF FB 00"的第二个字节"FB"表示低电平,"FF"表示高电平。

二、操作步骤

(一)设备的连接

(1)将人体感应传感器、ADAM-4150 数字量采集器、RS-485/232 接口转换器、RS-232/USB 转换器、电脑等用相应的连接线连接起来,设备连接方式如图 3-3-1 所示。

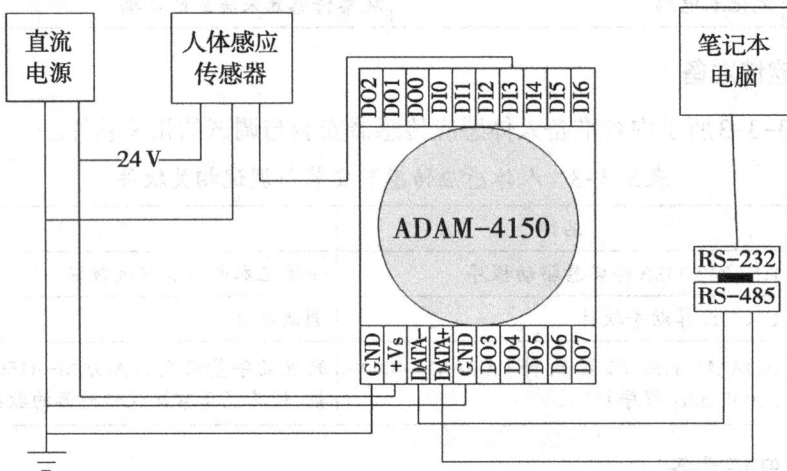

图 3-3-1　人体感应传感器安装与调试连接图

(2)检查正确无误后,接通各设备的电源。注意:人体感应传感器、ADAM-4150数字量采集器的电源是 24 V 直流电源。

(二)设备的配置

(1)安装 ADAM-4000-5000Utility 程序。

①打开 ADAM-4000-5000Utility 所在的文件夹,如图 3-3-2 所示。

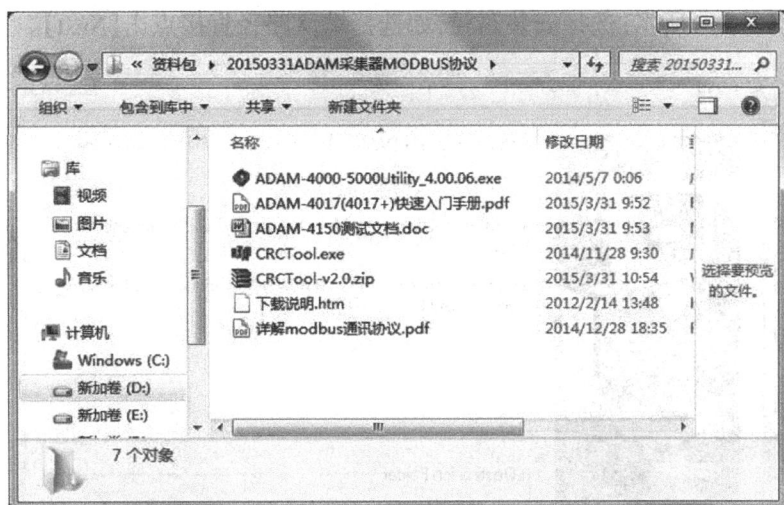

图3-3-2 ADAM-4000-5000Utility所在的文件夹

②双击ADAM-4000-5000Utility安装程序,出现如图3-3-3所示界面,点击【Next】。

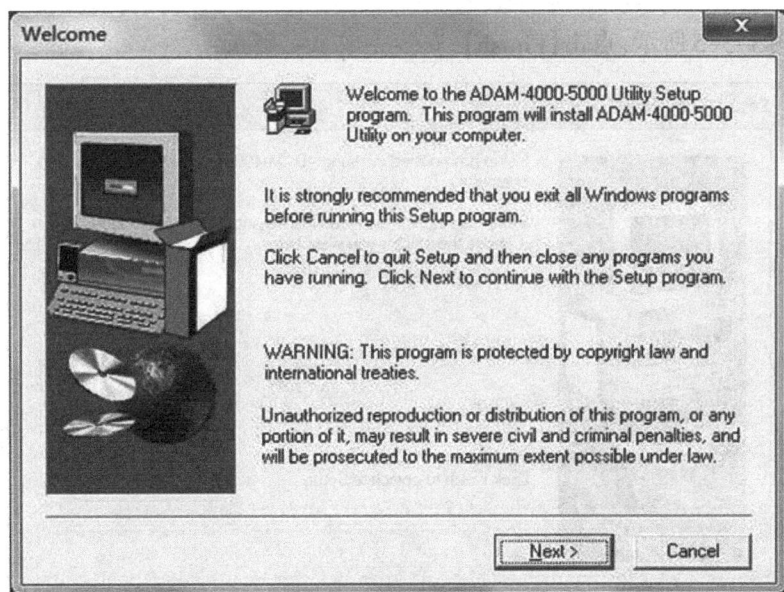

图3-3-3 安装ADAM-4000-5000Utility程序

③如图3-3-4所示，选择安装路径，如选择默认路径直接点击【Next】。

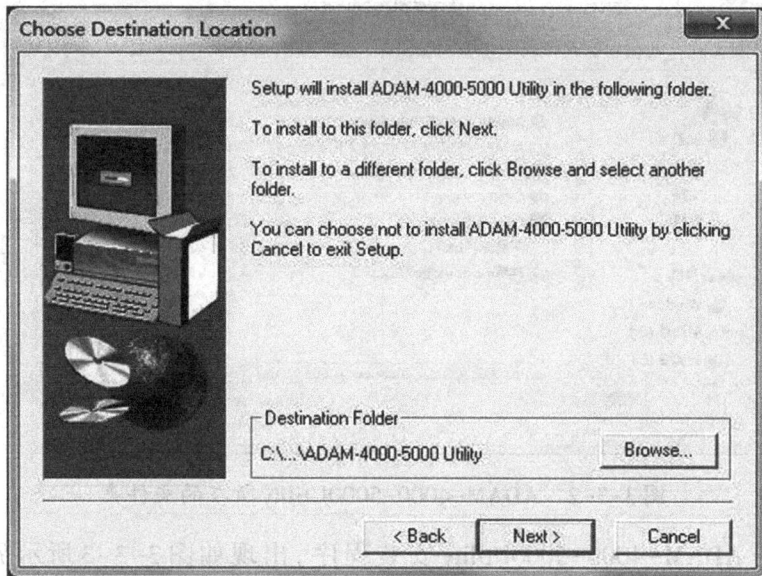

图3-3-4　选择安装路径

④如图3-3-5所示，点击【Finish】，安装完成。

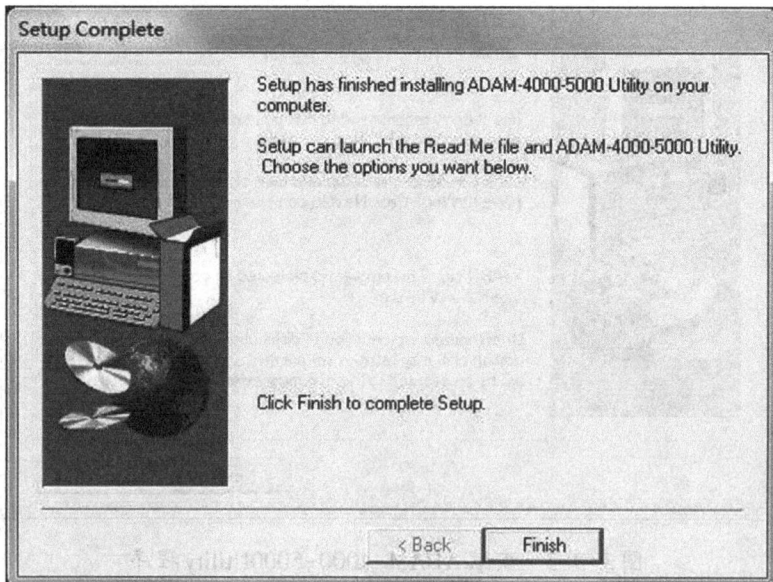

图3-3-5　安装完成

（2）配置CRC计算助手软件。

①打开Commix.exe所在文件夹,如图3-3-6所示。

图3-3-6　CRC计算助手软件程序包

②双击Commix.exe程序,启动软件,如图3-3-7所示。

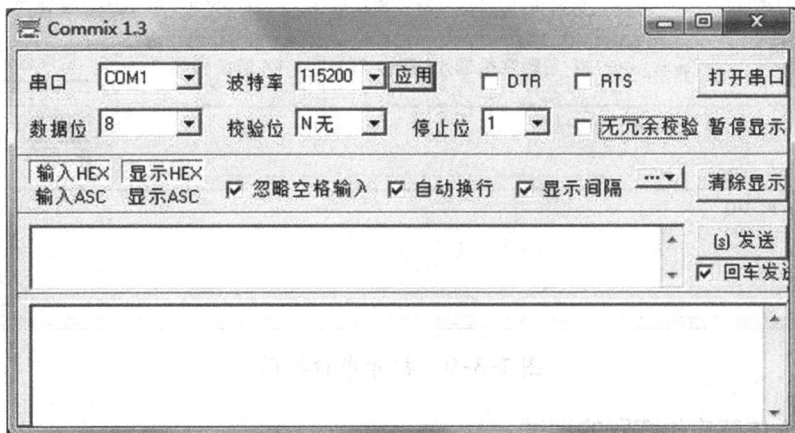

图3-3-7　CRC计算助手软件界面

③设置参数，如图3-3-8所示。

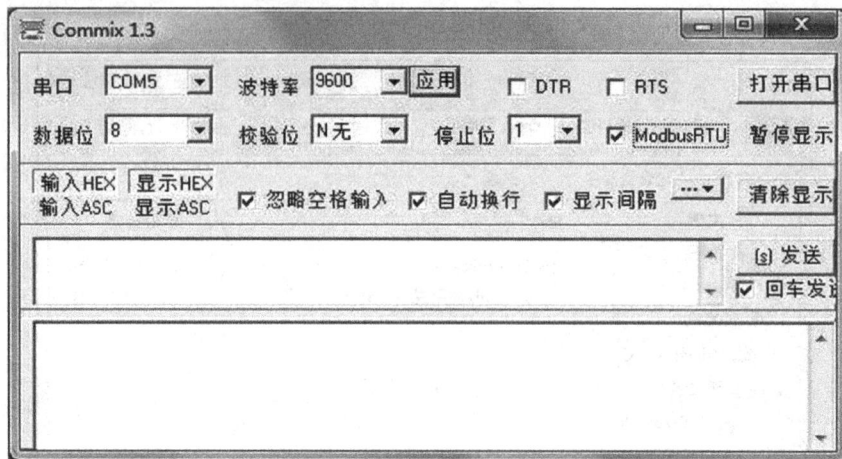

图3-3-8　设置串口、波特率、冗余校验方式、输入和显示格式

④图3-3-8所示界面中点击【打开串口】，显示如图3-3-9所示界面。打开串口，表示设备已经接好。

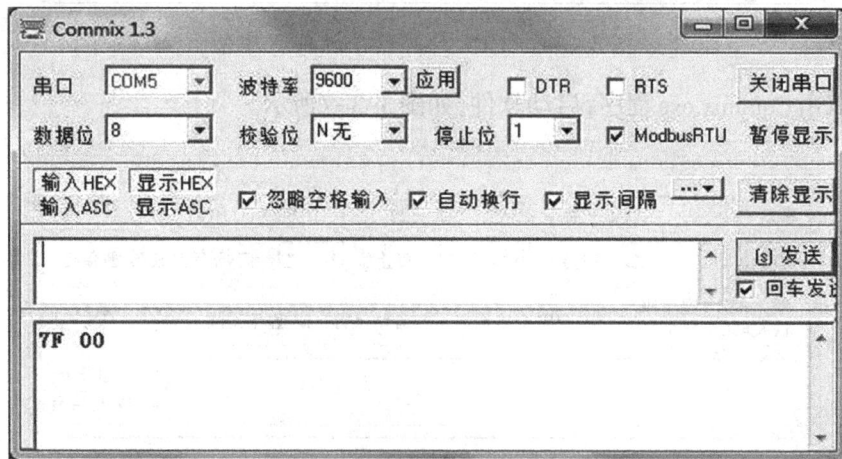

图3-3-9　打开串口界面

（三）人体感应传感器的调试

1.未感应到人时采集数据

确定人体感应传感器的信号线是接在数字量采集器的DI3输入端后，在CRC计算助手软件Commix发送窗中输入指令01 01 00 03 00 01，点击【发送】。经过软件Commix计算CRC结果为01 01 00 03 00 01 0D CA（指令含义参考本任务知识准备"发送指令与返回数据的含义"），如图3-3-10所示，接收到的信号为"FF FB 00"时表

示接收到人体感应传感器传来的信号为低电平。

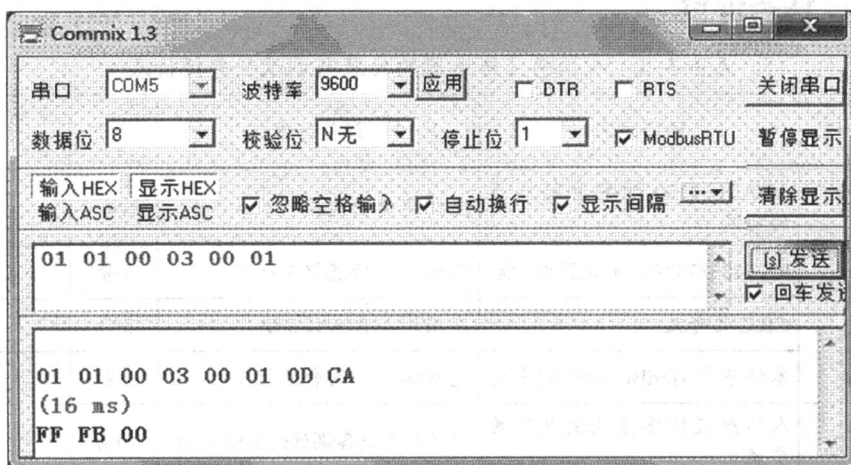

图 3-3-10 未感应到人时发送读取指令与输出信息

2.感应到人时采集数据

在相应的对话框中输入 01 01 00 03 00 01 后,再让人体感应传感器感应人体移动,最后点击【发送】,如图 3-3-11 所示,接收到的信号为"FF FF 00"说明人体感应传感器传来的信号为高电平,表示人体感应传感器有信号输出。

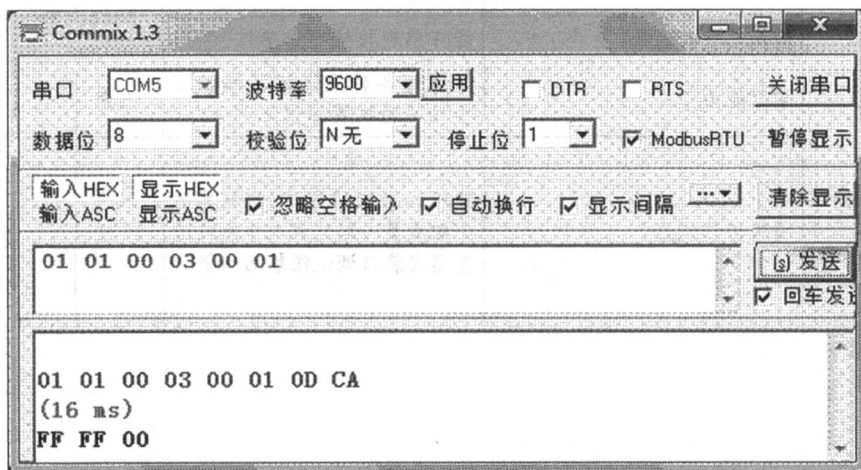

图 3-3-11 感应到人时发送读取指令与输出信息

3.分析

人体红外感应传感器有人体感应时输出高电平,否则输出低电平。

任务评价

表3-3-4　人体感应传感器的安装与调试任务评价表

评价指标	评价内容	评价标准	分值	学生自评	老师评估
知识目标	ADAM-4150数字量采集器的功能	能描述其功能记5分	5分		
	RS-485/232接口转换器的功能	能描述其功能记5分	5分		
	CRC的含义	能描述其含义记5分	5分		
	本任务中ModBus指令的含义	能解读指令的含义记5分	5分		
技能目标	人体感应传感器调试电路的安装	能正确连接各调试设备记10分	10分		
	安装设备驱动程序	能安装ADMD采集器Mod-Bus协议	10分		
	CRC计算助手软件的设置	CRC计算助手软件的设置正确记10分	10分		
	采集人体感应传感器的数据	通过读取ADAM-4150数字量采集器的数据,采集人体感应传感器数据记10分	10分		
	检测电路的连接	能正确连接检测电路记10分	10分		
情感目标	学习能力	能通过各种渠道收集知识准备相关的拓展知识记15分	15分		
	团队协作能力	能承担小组的分工,能与其他小组成员一起完成人体感应传感器安装与调试任务记15分	15分		
学习体会:					

练一练

收集两款人体感应传感器说明书,认真阅读。

项目四 光照传感器的安装与调试

　　随着国家加快农村基础设施建设,政府修建了大量的村庄公路,光控路灯成为主要的照明工具。大家知道在乡村路上是如何控制路灯开关的吗? 答案就是今天我们要学习的光照传感器。本项目将完成光照传感器的选型,主要器件的检测、安装与调试,实现光照传感器的数据采集。

目标类型	目标要求
知识目标	(1)能描述光照传感器的功能和工作原理 (2)能描述光照传感器的主要性能指标 (3)能描述光照传感器的检测方法
技能目标	(1)能正确进行光照传感器的选型 (2)能正确安装并调试光照传感器 (3)能检测光照传感器质量
情感目标	(1)培养安全意识 (2)培养团队合作意识 (3)培养信息收集能力 (4)培养规范操作意识

任务一　光照传感器的选型

任务目标

了解光照传感器的功能；掌握光照传感器的工作原理；熟练识别光照传感器的主要性能指标；能根据系统要求正确选用光照传感器。

任务分析

本任务通过网络查询来认识光照传感器；在活动中理解其功能、工作原理和主要性能指标；根据使用环境，应用选型依据，选出合适的光照传感器。任务工作流程如下：

查询光照传感器　→　理解功能和原理　→　分析场景　→　选择光照传感器

任务实施

一、任务准备

（一）工具准备

电脑或可上网的手机。

（二）知识准备

通过上网查找光照传感器实物图片、结构和参数。

1.光照传感器的功能

光照传感器是指能感受光线亮度并转换成可用电信号输出的传感器。光照传感器应用于大量智能控制系统中，品种繁多，可按光敏元件、输出信号和工作方式等进行分类。

2.光照传感器的工作原理

不同角度的光线透过余弦修正器汇聚到感光区域,汇聚到感光区域的太阳光通过蓝色和黄色进口滤光片过滤掉可见光以外的光线;透过滤光片的可见光照射到进口光敏元件,光敏元件根据可见光照度大小转换成不同的电信号,电信号进入单片机系统,单片机系统根据温度感应电路,将采集到的光电信号进行温度补偿,以输出精准的线性电信号。

3.光照传感器的主要性能指标

在选用光照传感器时,应首先了解光照传感器的主要性能指标。光照传感器主要性能指标包括量程、精确度、光谱范围、工作电压、输出信号、工作环境温湿度这六大参数。

(1)量程。即光照传感器能够测量的光照明暗范围。常见为0~150 klx。

(2)精确度。即光照传感器读数和系统实际光照明暗度之间的误差。在产品说明书中,精确度指标和明暗范围相对应。通常针对不同明暗范围,有数个最高精确度指标。±7 lx是很常见的。

(3)光谱范围。即规定的可以使用的光谱波长区间。(可见光)常为400~700 nm。

(4)工作电压。即光照传感器正常工作应接入的电源电压。以电池供电的无线光照传感器还要考虑电池供电时间。通常为9~24 V。

(5)输出信号。即光照传感器根据光照明暗度输出的电信号(电流/电压)。常见范围:4~20 mA、0~5 V对应0~150 klx。

(6)工作环境温湿度。即一般光照传感器正常工作环境温度0~40 ℃;环境湿度在0~70 RH。

4.光照传感器的选型依据

(1)测量精确度和测量范围。不同类型的光照传感器测量范围差别很大,一般的测量范围在0~20 000 lx。

(2)使用环境。使用环境影响光照传感器的工作状态,包括精确度、寿命都与使用环境有关。不同的使用环境对光照传感器的封装形式要求也不同。

(3)相关技术标准。在光照传感器实际选型和应用过程中:首先,根据实际应用需求,选择满足需求且性价比高的光照传感器;其次,所选择的光照传感器必须符合实际应用的国家标准、行业标准以及企业标准的指标和要求。

现列出部分光照传感器使用和应用的现行相关标准,见下表。

表4-1-1 部分光照传感器相关标准

标准号	名称
JB/T9479-2011	《光敏电阻器总规范》
WJ2100-2004	《硅光电二极管、硅雪崩光电二极管测试方法》
SJ 50033/102-1995	《GD218型 InGaAs/InPPIN 光电二极管详细规范》
SJ 20644/1-2001	《半导体光电子器件 GD3550Y 型 PIN 光电二极管详细规范》
SJ 20644/2-2001	《半导体光电子器件 GD101型 PIN 光电二极管详细规范》
GB/T 7666-2005	《传感器命名法及代码》

5.光照传感器选型的注意事项

(1)场景分析。环境:室内或室外;应用领域(精确度):科研、工业、学习等。

(2)主要性能指标对应用的影响。

(3)与应用系统中其他器件类型和参数配套情况。

(三)任务分工

小组成员讨论并分工,将分工明细填入任务分工表。

表4-1-2 任务分工表

任务内容	负责人
查询光照传感器的应用领域	
查询光照传感器的种类和特点	
查询一款光照传感器,并填写传感器信息表	

二、操作步骤

(一)任务场景分析

分析场景,完成表4-1-3。

表4-1-3 光照传感器场景分析表

场景	选项
光控路灯什么时候亮起	□白天 □黑夜 □光线亮度不够时
山区公路当光照强度在什么值以下开灯	□低于40 lx □低于500 lx □低于2 000 lx
山区公路环境分析	□暴晒 □大风大雨 □极寒
所选光照传感器的价格范围	□50~100元 □100~200元 □200~1 000元

（二）查询温度传感器

根据以上分析，查询一款具体型号的光照传感器，完成表4-1-4。

表4-1-4　光照传感器信息表

技术参数	参数值
型号	
厂家	
价格	
工作电压	
功耗	
输出信号接口	
量程	
精确度（误差）	
分辨率	

（三）提交任务报告

以实训报告格式提交任务报告，报告内容必须包括：小组任务分工表、选择的光照传感器铭牌图片、选择这款传感器的理由、任务完成情况小结。

相关知识

一、光照传感器分类

（1）按照能量处理方式，光照传感器可分为能量控制型和能量转换型两类。

①能量控制型光照传感器：这类光照传感器对光照度反应敏捷性要求不高；光照度在某个值以上或以下，形成一个开关量，如路灯开关自动控制的应用。

②能量转换型光照传感器：这类光照传感器对光照度反应敏捷性要求较高；能量通常随光照的强弱变化成线性输出。

（2）按照核心光敏元件分类，光照传感器可以细分为多种，具体见表4-1-5。

表4-1-5 （不同光敏元件）光照传感器的特点和应用

种类		特点	应用
光敏电阻 (Photoresis- tor)		1.受光照改变电阻率 2.在闭合回路中工作 3.灵敏度较高,响应速度较慢,成本最低,体积小,光照特性呈现非线性	多用于光电开关,如照明光控器
光电二极管 (Photodi- ode)		1.光生电动势 2.反向偏置或零偏工作 3.灵敏度低,响应速度快,成本低,体积小,光照特性线性度好	光强测量等,如照度计
光电三极管 (Phototran- sistor)		1.光生电动势产生的电流被三极管放大 2.灵敏度较高,响应速度快,成本低,体积小,光照特性、温度特性的线性度较光电二极管差	多用于光电逻辑电路,如光耦合器
雪崩光电二极管(APD)		1.雪崩增益效应使其光生电流放大 2.反向偏置工作,所需反偏电压较大 3.灵敏度高,响应速度快,成本中等,体积小,较易受噪声干扰	弱光测量等,如红外测距仪
光电倍增管 (PMT)		1.受到光照时,发射光电子进行多级倍增 2.高压偏置下工作 3.灵敏度很高,响应速度较慢,成本高,体积大	微弱光高灵敏度测量等,如荧光生化检测仪
电荷耦合器件(CCD)		1.收集光生电荷的半导体面阵 2.形成图像清晰,灵敏度高,成本高,分辨率高	多用于高质量图像传感器,如数码相机

(3)按照工作方式,光照传感器可分为吸收式、反射式、遮光式、辐射式,如表4-1-6。

表4-1-6　按工作方式分类表

分类	原理	应用
吸收式	被测物体位于恒定的光源与光电元件之间,根据被测物体对光的吸收程度或对其谱线的选择来测定被测参数	气体成分分析、液体物质含量的测定
反射式	恒定光源发出的光投射到被测物体上,被测物体把部分光反射到光电元件上,根据反射光通量多少测定被测物表面状态和性质	表面粗糙度、表面缺陷、表面位移测定
遮光式	被测物体位于恒定的光源与光电元件之间,光源发出的光经被测物遮去一部分,使作用在光电元件上的光通量减弱,减弱程度与被测物的光通路位置有关	长度、厚度、线位移、角位移、振动等测定
辐射式	被测物本身就是辐射源,它可以直接照射在光电元件上,也可以经过光路作用在光电元件上	光控开关、红外遥感、防火报警等

小知识

　　光本质上是一种电磁波。太阳光经三棱镜能分成红、橙、黄、绿、青、蓝、紫7种颜色,它们是可见光。其波长范围在0.36~0.76 μm之间。在红和紫两端的外面还有人眼感觉不到的光,称为不可见光。红外光就是介乎可见红光和微波之间的电磁波。它的波长范围在0.76~1 000 μm(1.0 mm)之间,相应的频率范围为$3 \times 10^{11} \sim 4 \times 10^{14}$Hz。

　　正常的太阳光同时含有可见光、红外光、紫外光和其他波长的成分,是一种复色光。复色光经过色散系统(如棱镜、光栅)分光后,被色散开的单色光按波长(或频率)大小而依次排列的图案,称为光学频谱,简称光谱。

二、光照传感器的应用

　　光照传感器在生活和工作中应用广泛,根据应用场景是室内还是室外,分为室内光照传感器和室外光照传感器。

(一)室内光照传感器

　　室内光照传感器是有较高灵敏度的感光探测器,配合高精确度线性放大电路,具有多种光照测量范围,并且环境的适应性没有室外光照传感器要求高。室内传感器外壳多数采用壁挂安装设计,采用严密的防水接线盒,结构精致、外形美观,配合室内装饰特点。应用于生产车间、仓库、机房照明、智能楼宇自控等。

(二)室外光照传感器

室外光照传感器外壳多数采用封闭型铸铝材质压铸而成,量程宽、防水、防腐蚀,输出标准的模拟信号,可广泛应用于农业生产、路灯控制、环境监测及需对光照度进行检测的领域。

图4-1-1 室内光照传感器　　图4-1-2室外光照传感器

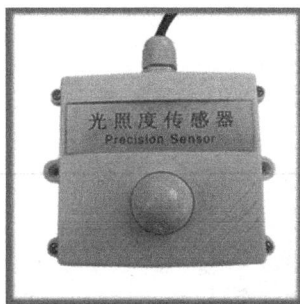

任务评价

表4-1-7 光照传感器的选型任务评价表

评价指标	评价内容	评价标准	分值	学生自评	老师评估
知识目标	光照传感器的主要性能指标	能描述光照传感器的6个主要性能指标记10分,缺1个扣2分	10分		
	光照传感器的工作原理	能描述光照传感器的工作原理记10分	10分		
	光照传感器的功能	能描述光照传感器的功能记10分	10分		
技能目标	网络资料的搜索	能搜索到适合任务要求的光照传感器记10分;能找到技术参数记10分	20分		
	光照传感器课件	能完成PPT制作记10分;内容清楚、有条理记10分	20分		

续表

评价指标	评价内容	评价标准	分值	学生自评	老师评估
情感目标	学习能力	能收集3款光照传感器的技术参数,每款记5分	15分		
	团队协作能力	能承担小组的分工并协助其他小组成员完成选型任务记15分	15分		
学习体会:					

练一练

1.请列举光照传感器在我们生活中的应用案例。

2.利用网络了解不同光敏元件光照传感器的区别。

3.通过其他资料和网络进一步了解光照传感器的结构。

任务二　光照传感器与模拟量采集器的检测

任务目标

能用数字万用表检测光照传感器能否正常工作;能通过软件配置检测模拟量采集器能否正常工作。

任务分析

通过识读铭牌和说明书了解光照传感器的参数,并接入简单的电路,用万用表检测是否可用;理解模拟量采集器的功能,了解标识的含义,通过软件配置检测是否可用。任务流程如下:

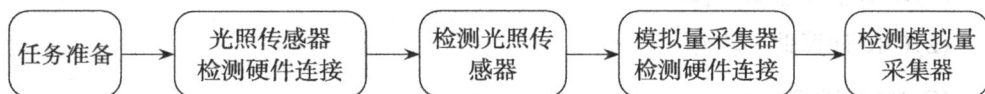

任务准备 → 光照传感器检测硬件连接 → 检测光照传感器 → 模拟量采集器检测硬件连接 → 检测模拟量采集器

任务实施

一、任务准备

(一)工具准备

完成光照传感器与模拟量采集器检测的工具准备,如表4-2-1。

表4-2-1　工具准备

序号	名称	功能
1	剥线钳	剥掉连接线线头端的绝缘层
2	数字万用表	检测电源输出直流电压是否正确;检测传感器输出电量大小及其是否随光照强度在发生变化

(二)硬件准备

完成光照传感器与模拟量采集器检测任务的硬件准备,如表4-2-2。

表4-2-2 硬件设备

序号	名称	功能
1	电源	为传感器和采集器提供24 V直流电源,为RS-485/232转换器提供5 V直流电源
2	光照传感器	将光信号转换为电信号
3	模拟量采集器	用于采集传感器输出的电压信号和电流信号的智能采集模块
4	500 Ω电阻	作为光照传感器输出负载
5	面包板	插接负载电阻
6	连接线	连接设备
7	RS-485/232转换器	把RS-485接口设备的RS-485信号转换成RS-232信号,然后再与RS-232接口连接
8	USB串口	实现RS-485/232转换器与电脑的连接

(三)软件准备

(1)串口服务器驱动程序。

(2)CRC计算助手软件。

(四)知识准备

1.光照传感器的核心元件

基于半导体光电效应的光电转换传感器,又称光电敏感器,是光照传感器的核心元件。采用光电技术能实现无接触、远距离、快速和精确测量,因此半导体光敏元件还常用来间接测量能转换成光量的其他物理或化学量。半导体光敏元件按光电效应的不同而分为光导型和光生伏打型(见光电式传感器)。光导型即光敏电阻,是一种半导体均质结构型元件。光生伏打型包括光电二极管、光电三极管、光电池、光电场效应管和光控可控硅等,它们属于半导体结构型元件。半导体光敏元件的主要参数有光电灵敏度、探测率、光照率、光照特性、伏安特性、光谱特性、时间和频率响应特性以及温度特性等,它们主要由材料、结构和工艺决定。

下面以光敏电阻为例,介绍其结构和材料等。

(1)光敏电阻结构。结构比较简单,体形也比较小,维修中常用的有直径为5 mm和9 mm的。在顶部有两片呈梳状的金属电极,且两片金属电极的梳齿是互相交错的,从波纹状的梳齿间隙里露出来的物质即为半导体光敏层,从金属电极的上面还可以看到两只金属电极。图4-2-1为光敏电阻的结构示意图。

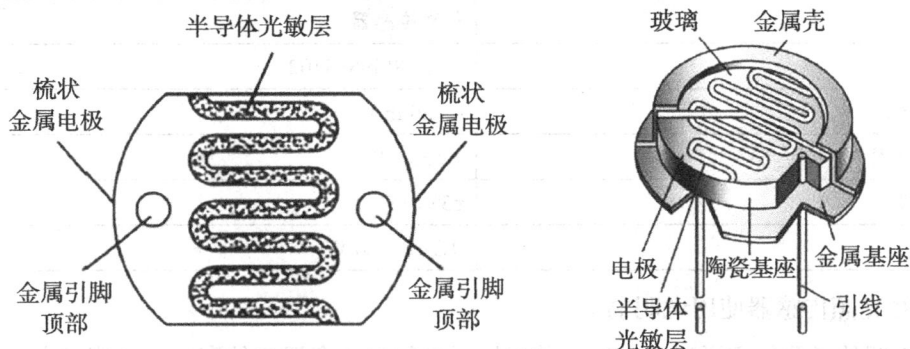

图 4-2-1　光敏电阻的结构示意图

(2)光敏电阻的材料。常用的制作材料为硫化镉,另外还有硒、硫化铝、硫化铅和硫化铋等材料。

(3)光敏电阻的主要特性。光敏电阻的基本特性包括伏安特性、光照特性、光电灵敏度、光谱特性、频率响应特性和温度特性等。

光敏电阻在未受到光照射时的阻值称为暗电阻(兆欧级),此时流过的电流称为暗电流。受到光照射时的电阻称为亮电阻(几千欧以下),此时的电流称为亮电流。亮电流与暗电流之差称为光电流。

2.光照传感器铭牌

某一光照传感器铭牌如图4-2-2所示。

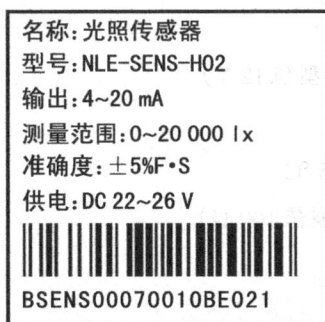

```
名称:光照传感器
型号:NLE-SENS-H02
输出:4~20 mA
测量范围:0~20 000 lx
准确度:±5%F·S
供电:DC 22~26 V
```

BSENS00070010BE021

图 4-2-2　光照传感器铭牌

根据图4-2-2的铭牌,可以得出以下结果,见表4-2-3。

表4-2-3　光照传感器铭牌参数

技术参数	参数值
名称	光照传感器
型号	NLE-SENS-H02
输出电流	4～20 mA
测量范围	0～20 000 lx
准确度	±5%F·S
供电	DC 22～26 V

3. 光照传感器使用说明书

光照传感器使用说明书是选用传感器时必须先认真阅读的资料。说明书中对传感器的测量参数、电路参数、功能特点、引线定义、注意事项、适用范围都有详细的说明。

光照传感器使用说明书

测量参数

光照范围:1～200 klx

测量精度:±5%

光谱范围:400～1 100 nm(敏感区域集中在植物生长所需自然光谱内)

反应时间:＜2 s

信号类型:0～2 V / 4～20 mA

转换公式:光照＝V/0.01（klx）

　　　　　光照＝（I-4)×200/16 （klx）

电路参数

工作电压:11～24 V(典型值12 V)

静态功耗:约8 mA

工作温度范围:-35～75 ℃

输出负载:＜300 Ω(典型值100 Ω)

功能特点

·体形小巧,安装方便

·壳体密封性好,防水

·测量精度较高,稳定性越好

·采用300～800 nm视觉修正光学片

·50%以上感光区域集中在400～800 nm范围,适合植物所需自然光的照度测量

引线定义

电源正:红色线   电源地(信号地):黑色线   信号正:绿色线

注意事项

·本传感器对自然光源及热光源较敏感,对冷光源不敏感,所以不适合荧光测量

·采光球罩为玻璃材质,请勿磕碰、摔打,须轻拿轻放

·内部已固定,请勿私自拆卸外壳,以免位置发生变动影响测量

·传感器如果长期放置在室外,球罩应定期擦拭,以免影响透光

·当光照较强时输出电流随之增大,内部电路可能会升温,建议间歇供电

适用范围

·可广泛用于环境、温室、实验室、养殖、建筑、高档楼宇、工业厂房等的光线强度测量

4. 模拟量采集器的功能、特点和外形结构

(1)模拟量采集器的功能。

模拟量采集器是一款用于采集0~5 V电压信号,4~20 mA电流信号的智能采集模块,也称为模拟量采集模块。其主要原理是将电压和电流信号采集输入,然后通过RS-485通信接口与其他设备相连接,通信协议采用工业通信标准的Modbus RTU协议。

(2)模拟量采集器的特点。

①模拟量采集器的电源具有防反接、过压过流保护作用。

②采用工业通信标准的RS-485接口,接口带有防雷保护,并且RS-485芯片采用高速光耦隔离,保证通信的稳定性。

③通信协议采用工业通信标准协议——Modbus RTU协议。

④通信速率默认为9 600 bit/s,也可以定制相应的波特率。

⑤支持8路模拟量采集输入,支持DIN导轨安装。

(3)模拟量采集器的外形结构如图4-2-3所示。

图4-2-3　模拟量采集器

(4)模拟量采集器信息通道和电源如图4-2-4所示。

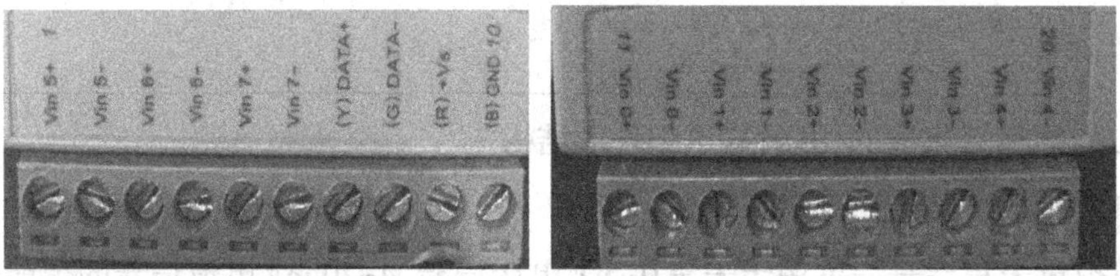

图4-2-4　采集器信息通道和电源

8路信息采集通道：

　　　(Vin0+ / Vin0-),(Vin1+ / Vin1-),(Vin2+ / Vin2-),(Vin3+ / Vin3-)

　　　(Vin4+ / Vin4-),(Vin5+ / Vin5-),(Vin6+ / Vin6-),(Vin7+ / Vin7-)

数据输出通道：

　　　(Y)DATA+ / (G)DATA-

电源：

　　　(R)+Vs / (B)GND

(五)任务分工

(1)小组成员讨论检测光照传感器任务并分工,将分工明细填入表4-2-4中。

表4-2-4　检测光照传感器任务分工表

任务内容	负责人
连接设备并调节好电源	
检查设备连接是否正确	
用遮光方法模拟光照度变化	
检测光照传感器	
记录测量结果	

（2）小组成员讨论检测模拟量采集器任务并分工，将分工明细填入4-2-5表中。

表4-2-5　检测模拟量采集器任务分工表

任务内容	负责人
连接设备并调节好电源	
检查设备连接是否正确	
安装软件	
检测模拟量采集器	
记录测量结果	

二、操作步骤

（一）检测光照传感器

（1）检测光照传感器的硬件连接示意图，如图4-2-5所示。

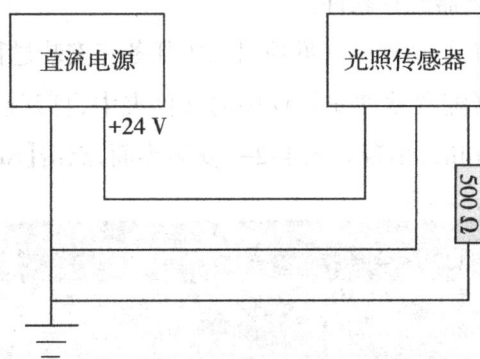

图4-2-5　光照传感器检测连接示意图

（2）用万用表检测光照传感器。

①将万用表调至直流电压挡，如图4-2-5检测电阻的电压。

②改变光照强度检测输出电压值，填写表4-2-6。

表4-2-6　光照传感器检测表

改变光照强度方法	闭光	常光（白天）	强光（台灯）
输出电压值(mV)			

（3）通过表4-2-6中的值，判断光照传感器是否正常工作。检测值随条件改变而变化属于正常工作，否则未正常工作。

(二)检测模拟量采集器

(1)配置(检测)模拟量采集器的硬件连接,如图4-2-6所示。

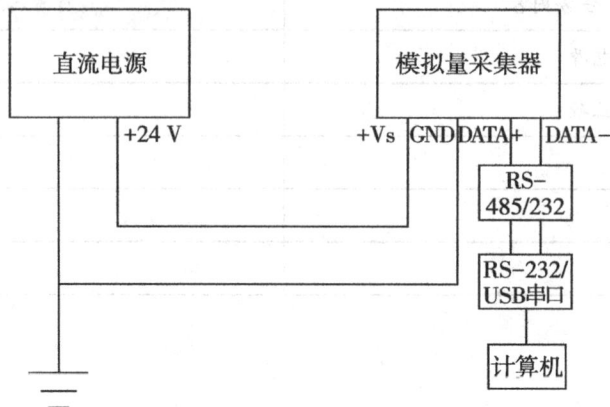

图4-2-6 配置模拟量采集器硬件连接示意图

(2)安装模拟量采集器配置软件。

①安装RS-232/USB驱动程序。(见项目二中任务三安装过程)

②在存放有采集器配置软件安装程序的文件夹中,打开模拟量采集器配置软件 Advantech Adam.NET Utility,出现如图4-2-7安装界面,点击【Next】。

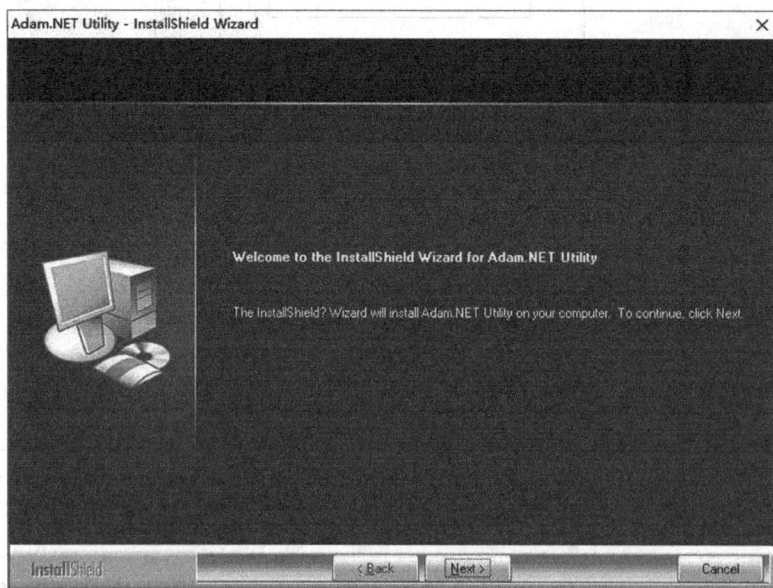

图4-2-7 模拟量采集器配置软件安装界面

③设置软件用户名,如图4-2-8所示。

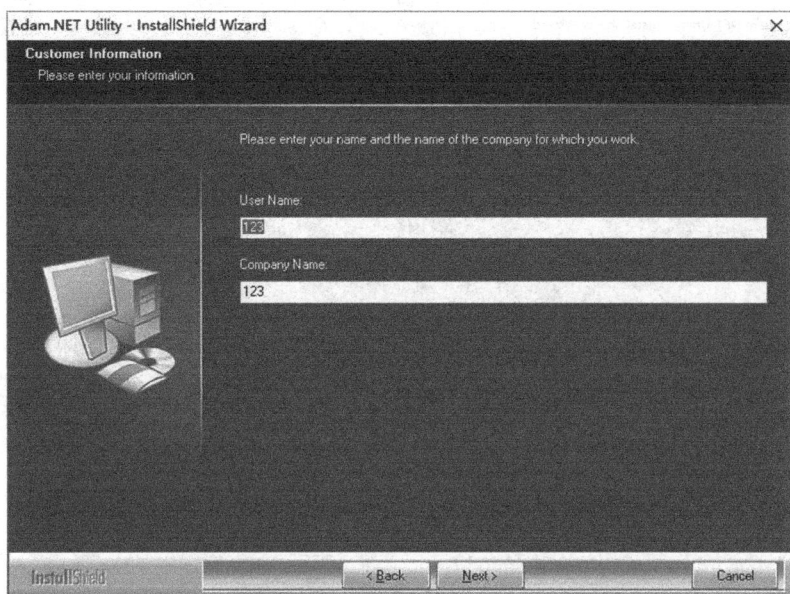

图4-2-8 设置软件用户名

④选择安装方式:典型安装/自定义安装,建议选择典型安装方式,如图4-2-9所示。

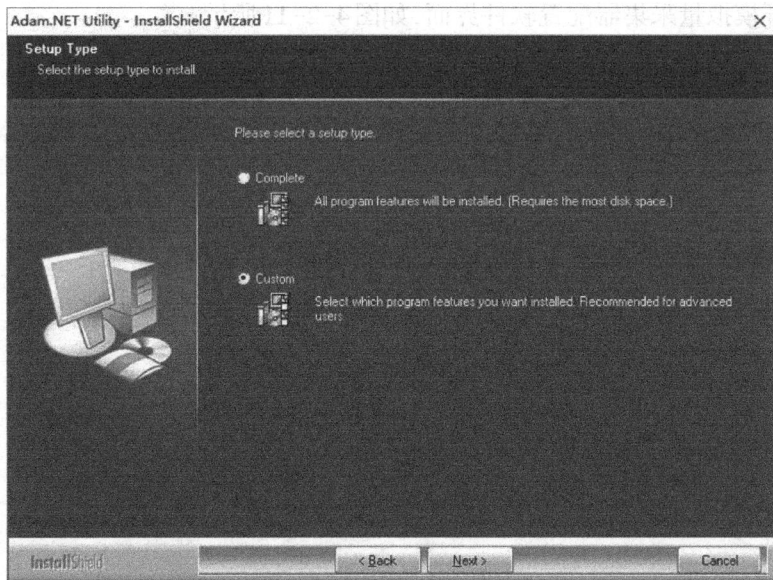

图4-2-9 选择安装方式

⑤安装完成，单击【Install】，如图4-2-10所示。

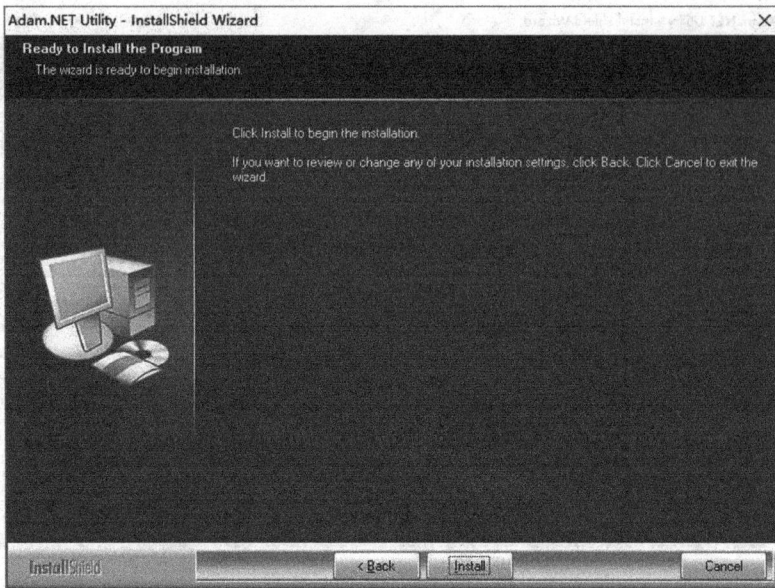

图4-2-10 安装完成

⑥在桌面上生成软件快捷图标。

（3）配置模拟量采集器。

①打开模拟量采集器配置软件界面，如图4-2-11所示。

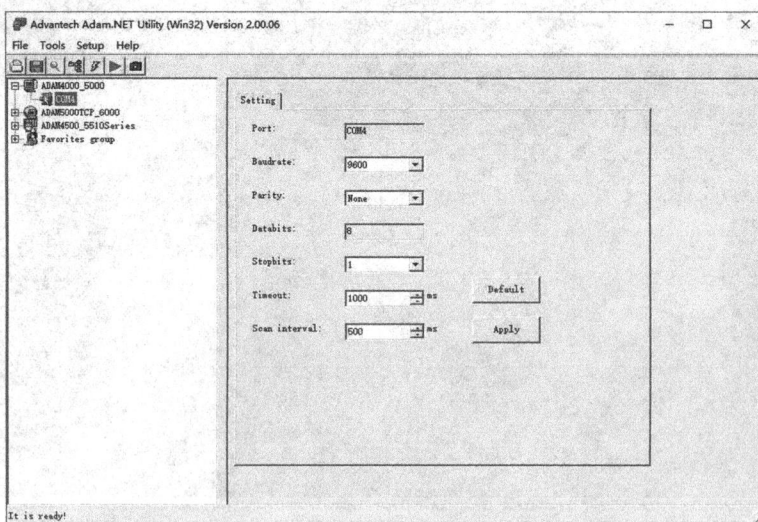

图4-2-11 模拟量采集器配置软件界面

②检索模拟量采集器信息。操作方法：在图4-2-11界面中单击"COM4"，搜索采集器，检索界面如图4-2-12所示。

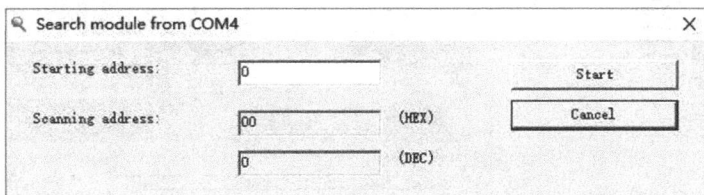

图4-2-12　检索模拟量采集器信息界面

③查看模拟量采集器参数。如图4-2-13所示，当前采集器是4017P，端口号是COM4，波特率是9 600 bit/s。

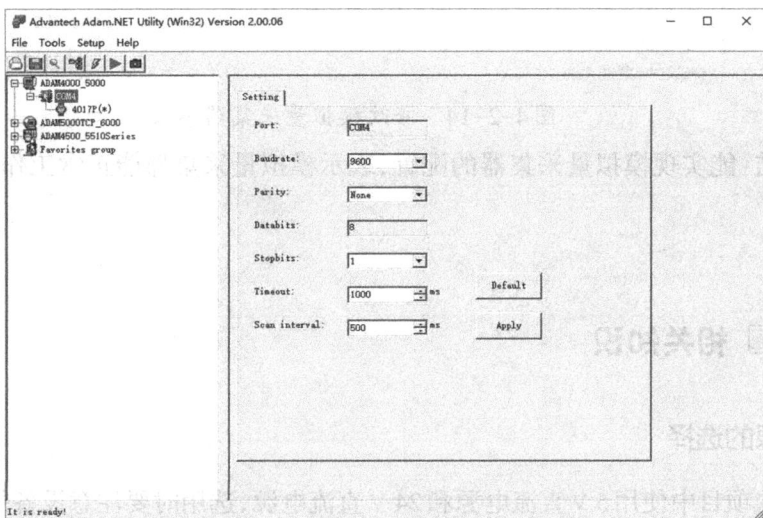

图4-2-13　查看模拟量采集器参数

④修改模拟量采集器参数，如地址、输出范围，并写入模拟量采集器。操作方法：在图4-2-13界面中，单击【Default】按钮，进入修改界面，修改0~7共8个通道的地址和输出范围，如图4-2-14所示。

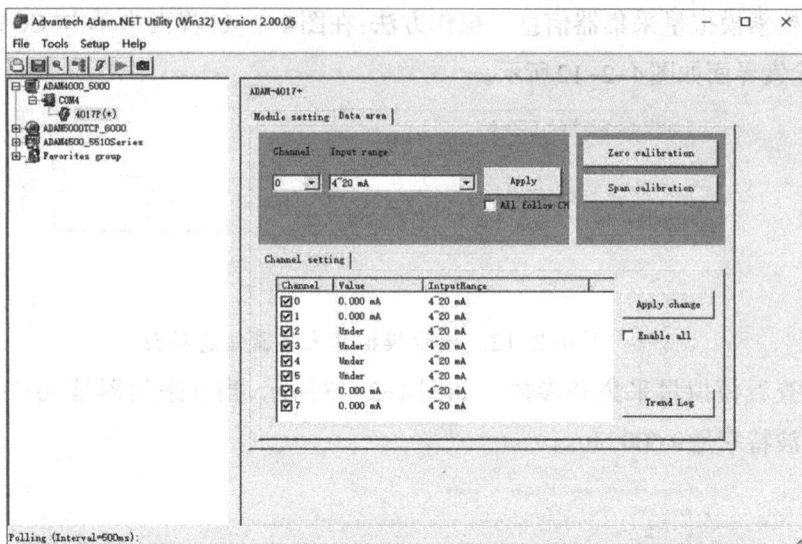

图4-2-14　修改模拟量采集器参数

总结：能实现模拟量采集器的配置，表示模拟量采集器能正常工作；否则不能正常工作。

相关知识

一、电源的选择

在本项目中使用5 V直流电源和24 V直流电源，选用时要注意设备的电源标识。

（1）光照传感器、模拟量采集器和串口服务器均采用24 V直流电源。

（2）RS-485/232转换器采用5 V直流电源。如果与USB串口连接，可以不再外加电源。

二、软件选用时应注意兼容性

64位操作系统与32位操作系统的区别如下：

（1）设计初衷不同。不同位数操作系统为了满足不同用户的需求。若软件专业性强，对计算机处理能力要求较高，计算机多数采用64位操作系统，如机械设计和分析、三维动画、视频编辑和创作。普通用户使用64位或32位的操作系统均可。

（2）配置要求不同。64位操作系统只能安装在64位电脑上（中央处理器必须是64位的），同时需要安装64位软件以发挥最佳性能。32位操作系统则可以安装在32

位(32位中央处理器)或64位(64位中央处理器)电脑上。

(3)运算速度不同。64位处理器的通用寄存器的数据宽度为64位,64位指令集可以运行64位数据指令,也就是说处理器可一次提取64位数据,比32位提高了一倍,理论上性能会相应提升一倍。

(4)寻址能力不同。64位处理器的优势还体现在系统对内存的控制上。由于地址使用的是特殊的整数,因此一个算术逻辑运算器(ALU)和寄存器可以处理更大的整数,也就是更大的地址。

(5)操作系统普及不同。目前,64位操作系统常用于笔记本电脑,台式机多数采用32位操作系统。

在这里特别强调,很多软件在不匹配的操作系统是不兼容的。如果操作系统不匹配,软件无法运行。这点至关重要,务必牢记,以避免盲目下载和安装软件。

任务评价

表4-2-7　光照传感器与模拟量采集器的检测任务评价表

评价指标	评价内容	评价标准	分值	学生自评	老师评估
知识目标	光照传感器的核心元件结构	能描述光照传感器的核心元件结构记3分;根据示意图填写名称记2分	5分		
	模拟量采集器的功能和原理	能描述模拟量采集器的功能记3分;能描述原理记2分	5分		
	模拟量采集器信息通道的标识	能描述模拟量采集器信息通道的作用记7分;能正确拼写通道标识记3分	10分		
技能目标	光照传感器检测硬件连接	能正确连接光照传感器检测的硬件,操作规范记3分;接线正确记7分	10分		
	检测光照传感器	能用万用表检测光照传感器,万用表使用规范记3分;会检测记7分	10分		
	安装设备驱动程序和配置软件	能正确安装设备驱动程序,共记10分,每正确安装1个记5分;配置软件记10分,每配置错1项扣2分	20分		
	模拟量采集器的检测	能配置模拟量采集器记20分	20分		

续表

评价指标	评价内容	评价标准	分值	学生自评	老师评估
情感目标	学习能力	能应用信息技术收集信息记5分;能处理收集的信息记3分;能理解收集的信息记2分	10分		
	团队协作能力	能积极主动参与任务记5分;个人完成情况满分3分,小组完成情况满分2分	10分		
学习体会:					

练一练

1.使用任意一种绘图软件,画出检测光照传感器的连接图。

2.在网络上查阅数字量采集器与模拟量采集器的区别。

3.查找几种模拟量采集器的外形图,识别信道标识。

任务三　光照传感器的安装与调试

任务目标

能根据现场情况将光照传感器正确地安装在监测区域;能正确连接电源和信号线;能配置和调试相应设备,并通过软件观察光照传感器的工作状态。

任务分析

按照设备连接示意图,完成设备连接;根据调试要求,安装软件并完成硬件配置;通过软件来观察运行情况,逐步进行调试使输入与输出成规律同步变化。任务流程如下:

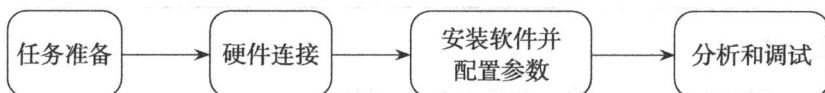

任务准备 → 硬件连接 → 安装软件并配置参数 → 分析和调试

任务实施

一、任务准备

(一)工具准备

完成光照传感器安装与调试任务工具准备,如表4-3-1。

表4-3-1　工具准备

序号	名称	功能	注意事项
1	螺丝刀	安装螺丝	
2	剥线钳	剥掉连接线线头端的绝缘层	剥线孔大小与导线粗细匹配
3	万用表	检测电源输出直流电压是否正确	

(二)硬件准备

完成光照传感器安装与调试任务硬件准备,如表4-3-2。

表4-3-2　硬件准备

序号	名称	功能	注意事项
1	光照传感器	将光照转换为电信号	
2	传感器固定架	固定传感器	
3	模拟量采集器	将电压和电流信号采集、输入,然后通过RS-485接口与其他设备相连接实现通信	
4	RS-485/232转换器	将RS-485接口的信号转换成RS-232接口信号,便于两种不同接口设备进行通信	
5	串口服务器	将RS-485/232设备立即联网,与TCP/IP网络接口的数据双向传输	
6	电脑	观察传感器的工作状态	安装有传感器测试软件
7	连接线	连接设备	
8	RJ45双绞线(直通线)	连接串口服务器与电脑	
9	直流电源	为传感器和设备供电	能输出多个不同的直流电压
10	灯光	模拟不同的光照强度	

(三)软件准备

(1)串口服务器驱动程序(串口服务器助手软件);

(2)CRC计算助手软件。

(四)知识准备

1.串口服务器功能及原理

(1)串口服务器的功能。

串口服务器提供串口转网络功能,能够将RS-232/485/422串口转换成TCP/IP网络接口,实现RS-232/485/422串口与TCP/IP网络接口的数据双向透明传输。使得串口设备能够立即具备TCP/IP网络接口功能,连接网络进行数据通信,极大地扩展串口设备的通信距离。

(2)串口服务器的工作原理。

串口服务器基于TCP/IP的串口数据流传输,它能将多个串口设备连接并能将串口数据流进行选择和处理,把现有的RS-232接口的数据转化成IP端口的数据,将传统的串行数据送上主流的IP通道。串口服务器完成的是一个面向连接的RS-232链路和面向无连接以太网之间的通信数据的存储控制。串口服务器作为TCP服务器端时,转换器在指定的TCP端口上监听平台程序的连接请求,该方式比较适合于一个转换器与多个平台程序建立连接(没有串口服务器,一个转换器不能同时与多个平台程序建立连接);作为 TCP 客户端时,转换器上电时主动向平台程序请求连接,该方式比较适合于多个转换器同时向一个平台程序建立连接。

2.RJ45双绞线的选用

在日常生活与工作中,大多采用五类非屏蔽双绞线。双绞线的制作分为 TEA/EIA568A 和 TEA/EIA568B 两种线序。

(1)双绞线两端连接同种设备选用交叉线,连接异种设备用直通线。

(2)交叉线是指两端用不同的线序,如一端用 TEA/EIA568A,另一端是 TEA/EIA568B。

(3)直通线是指两端用同样的线序,如两端同为 TEA/EIA568A 或 TEA/EIA568B。

(五)任务分工

小组成员讨论并分工,将分工明细填入表4-3-3中。

表4-3-3 任务分工表

任务内容	负责人
硬件设备连接	
软件安装	
检测与调试	
记录测量结果	

二、操作步骤

(一)设备的连接

光照传感器系统调试硬件设备连接按照图4-3-1进行。

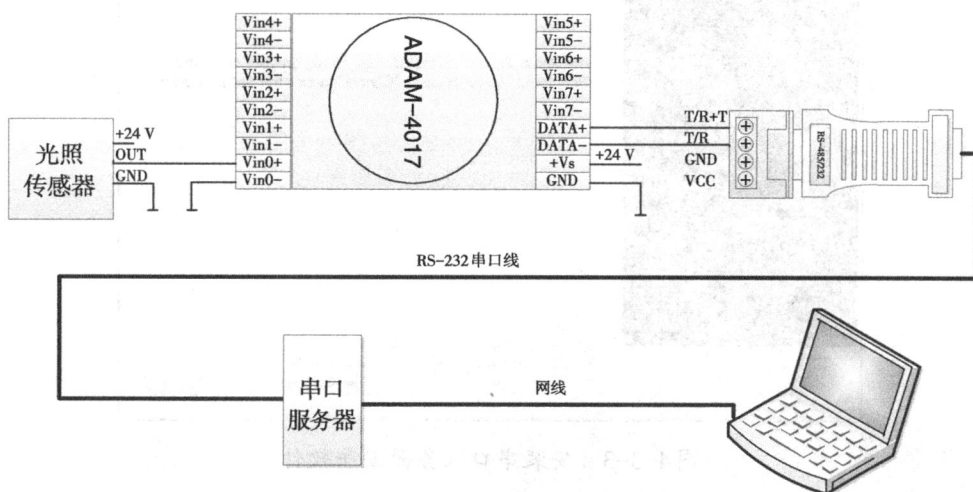

图4-3-1 光照传感器系统调试硬件设备连接示意图

(二)设备的配置

1. 安装串口服务器助手软件

(1)打开串口服务器助手安装程序所在文件夹,如图4-3-2所示。

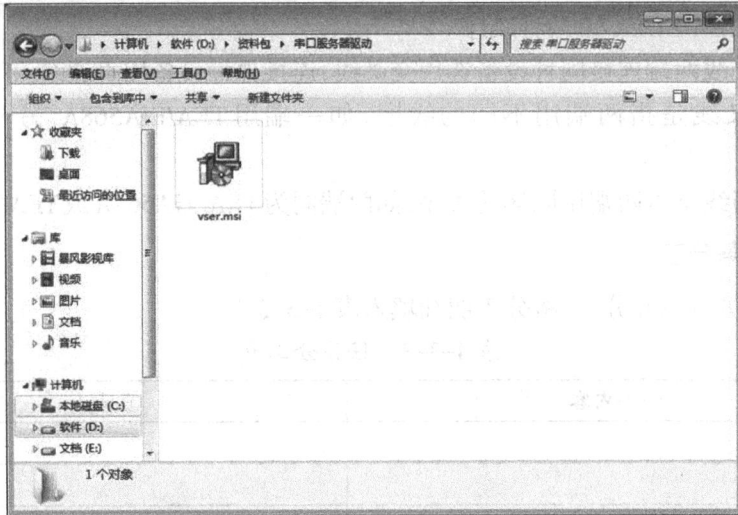

图4-3-2　串口服务器助手安装程序

(2)双击串口服务器助手安装程序,后出现如图4-3-3界面,单击【Next】。

图4-3-3　安装串口服务器助手软件

（3）选择串口服务器助手软件安装路径，如图4-3-4所示。

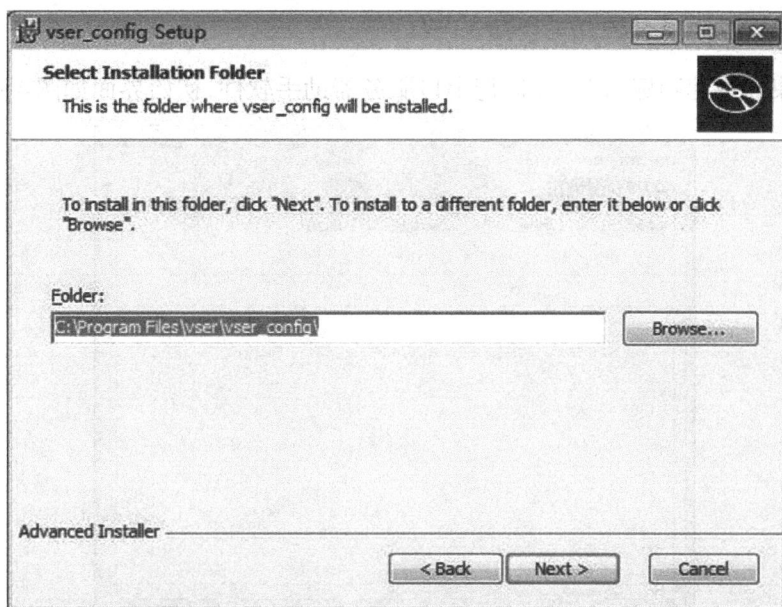

图4-3-4 选择安装路径

（4）如图4-3-5，点击【Finish】，安装完成。

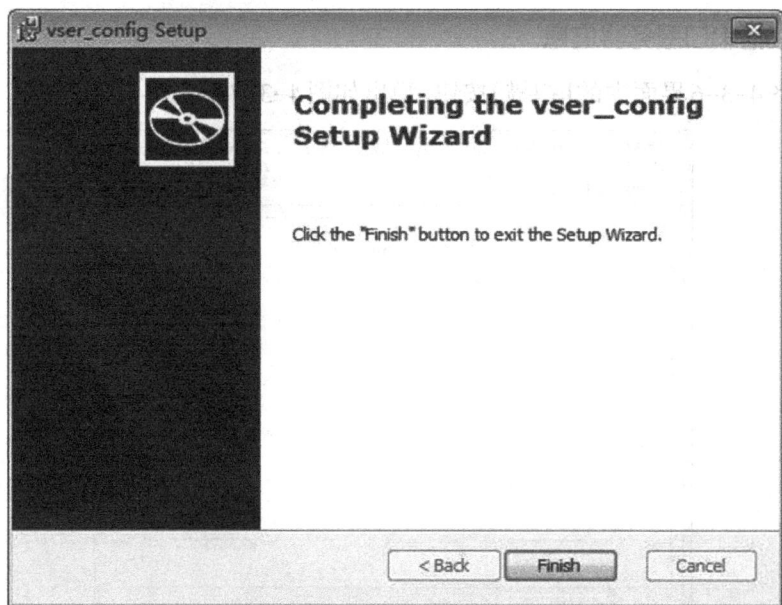

图4-3-5 安装完成

(5)生成软件桌面快捷图标。

(三)运行串口服务器助手软件

双击桌面快捷图标,打开并运行串口服务器助手软件,初始界面如图4-3-6所示。

图4-3-6 串口服务器助手软件初始界面

(四)扫描串口服务器信息

单击图4-3-6界面中的【扫描】按钮,弹出如图4-3-7所示界面。

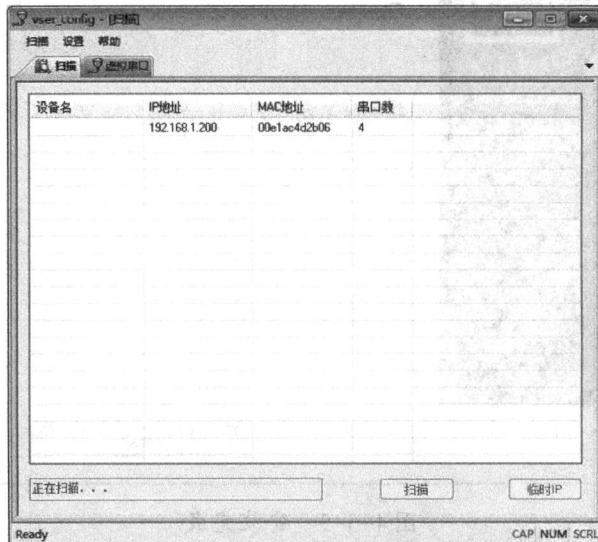

图4-3-7 扫描串口服务器信息

1.扫描失败

(1)设置本地连接为自动获得IP地址和DNS服务器地址,如图4-3-8所示。

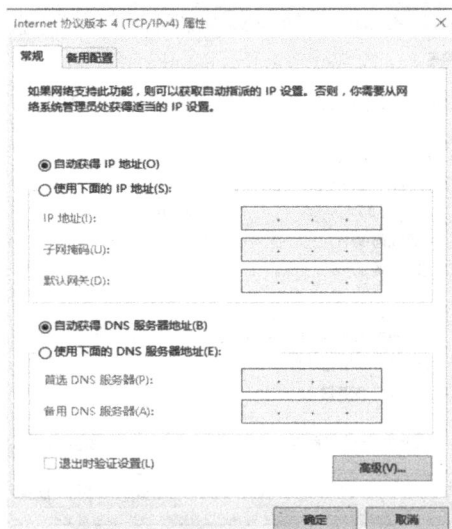

图4-3-8 设置IP地址和DNS服务器地址获取方式

(2)再次扫描串口服务器信息。

2.扫描成功

成功获得串口服务器IP地址,如图4-3-9所示。

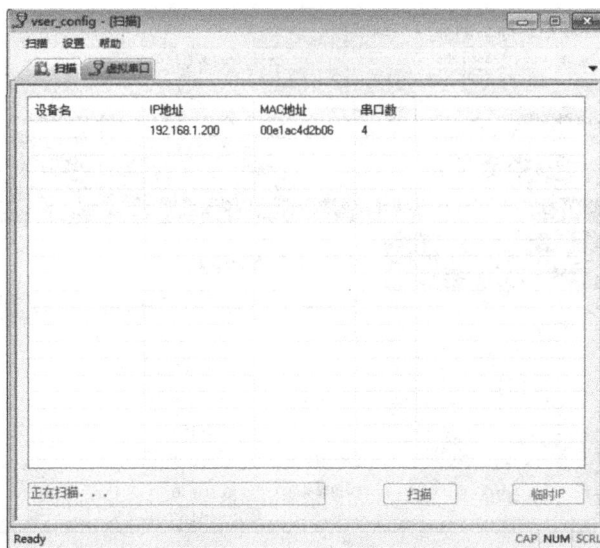

图4-3-9 获得串口服务器IP地址

3. 设置IP地址

设置计算机本地连接的IP地址与串口服务器IP地址在同一网段,如图4-3-10所示。

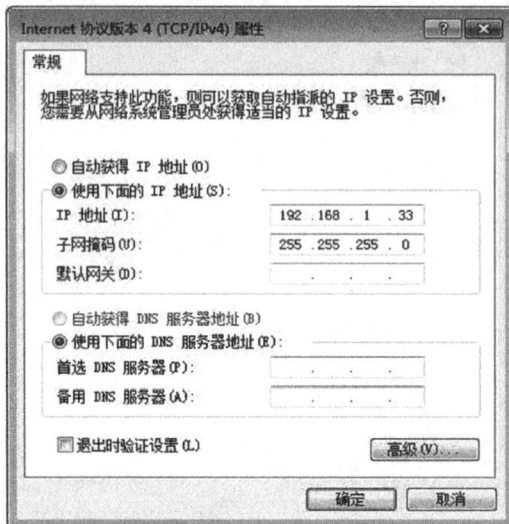

图4-3-10　设置IP地址

(五)配置串口服务器

1. 访问串口服务器

打开IE浏览器,在地址栏输入串口服务器IP,并访问串口服务器,如4-3-11所示。

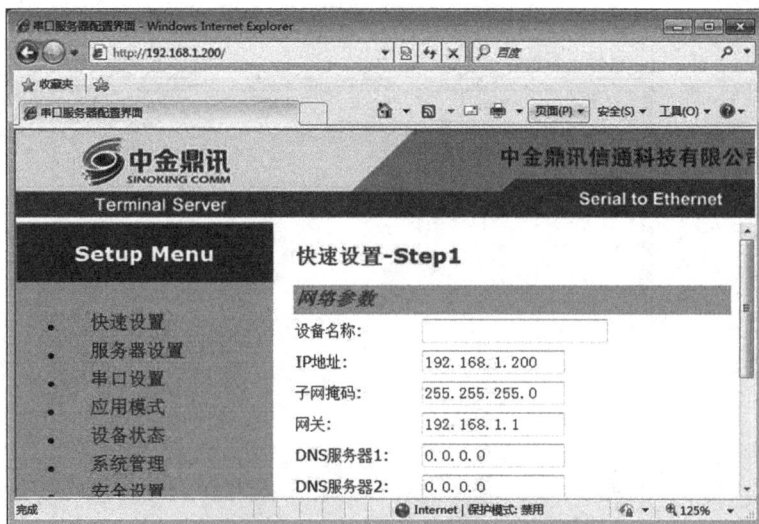

图4-3-11　访问串口服务器

2.使用快速设置

(1)设置IP地址和网关,如图4-3-12所示。

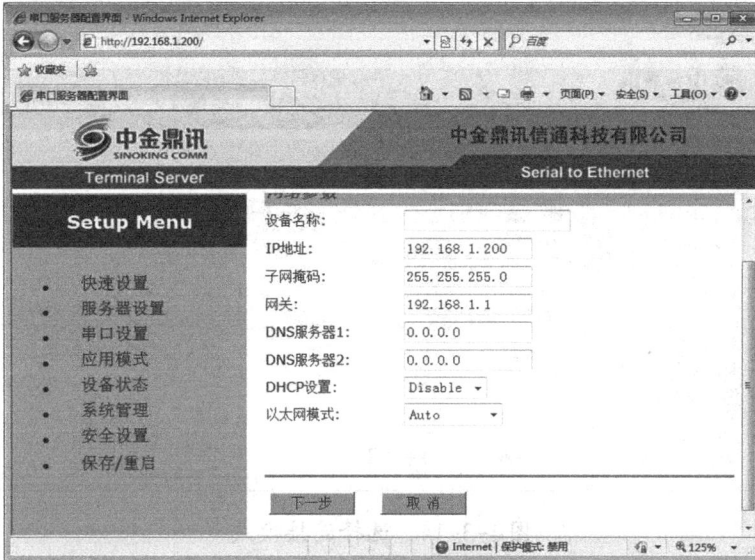

图4-3-12 设置IP地址和网关

(2)选择串口、接口类型和波特率,如图4-3-13所示。

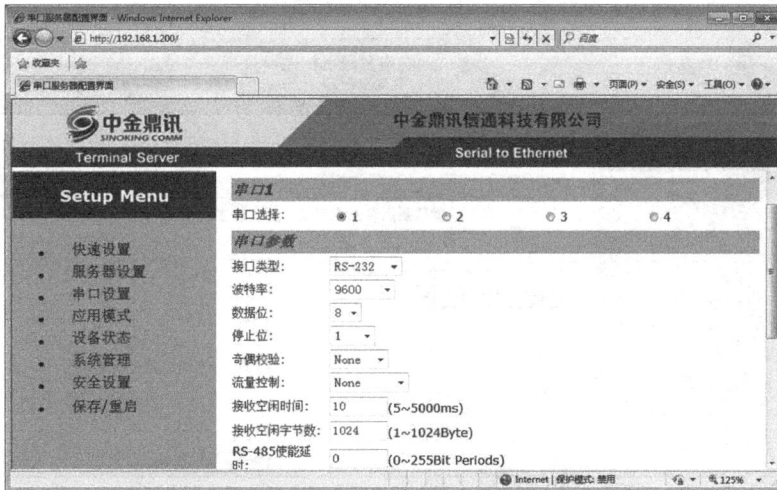

图4-3-13 选择串口、接口类型和波特率

（3）选择连接模式，如图4-3-14选择"Real COM"连接模式。

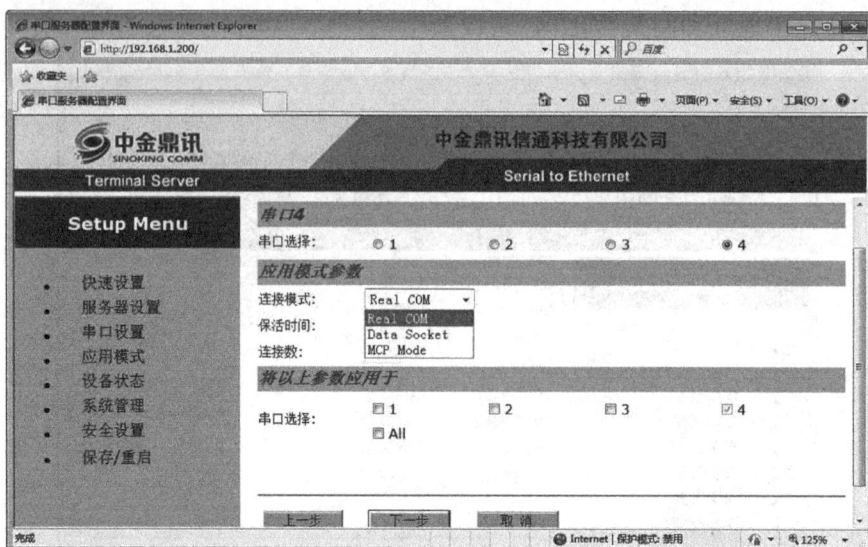

图4-3-14　选择连接模式

（4）保存设置，等待串口服务器重启，如图4-3-15所示。

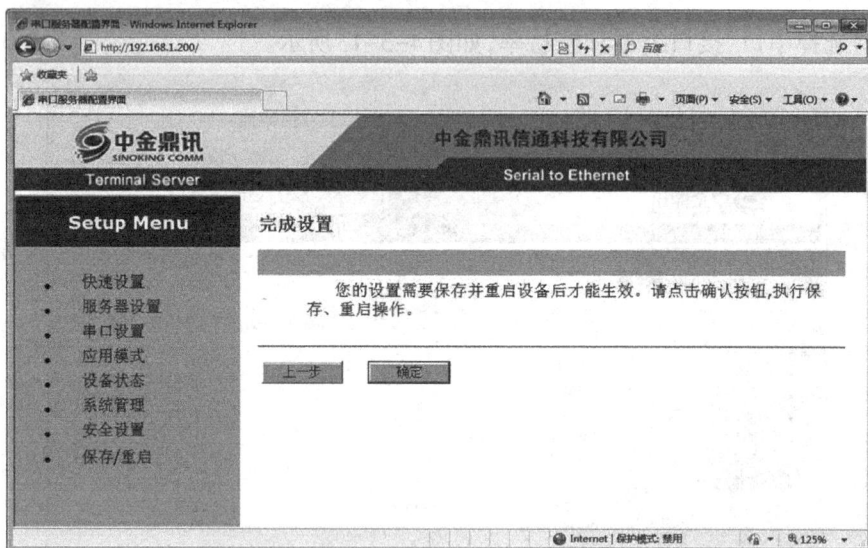

图4-3-15　保存设置并重启服务器

(六)虚拟串口设置

(1)点击【虚拟串口】,启用虚拟串口,如图4-3-16所示。

 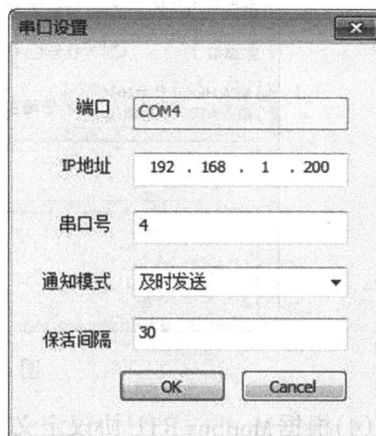

图4-3-16 启用虚拟串口 图4-3-17 设定串口地址

(2)点击【串口配置】,在如图4-3-17界面中设定当前使用的串口号和串口服务器IP地址。

(七)系统调式

(1)启动CRC计算助手软件。

(2)设置串口、波特率、输入与显示格式、冗余校验方式,如图4-3-18所示。

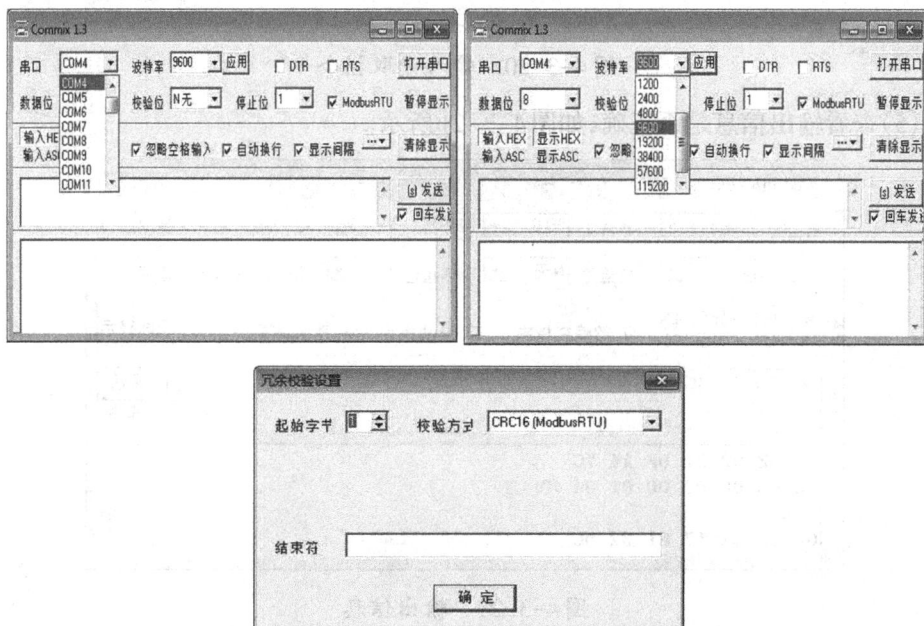

图4-3-18 设置串口、波特率、冗余校验方式、输入和显示格式

（3）完成相关设置后，点击【打开串口】，即打开串口，如图4-3-19所示。

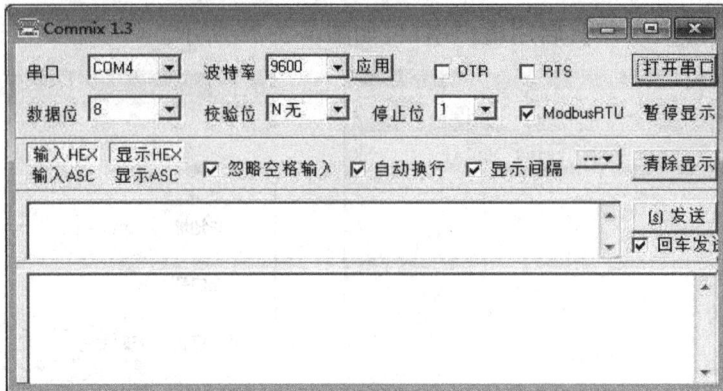

图4-3-19　打开串口

（4）根据Modbus RTU协议定义，输入读取指令并点击【发送】，如图4-3-20所示。

图4-3-20　输入读取指令

（5）查看输出信息是否正确，如图4-3-21所示。

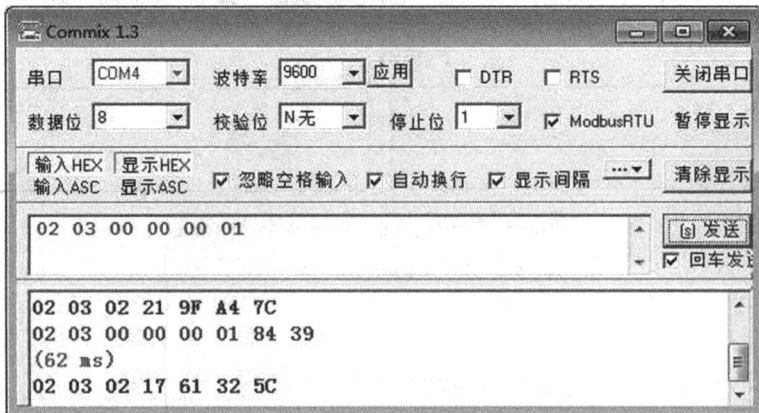

图4-3-21　输出信息

（6）改变光照强度，对比输出数据。正常工作状态输出数据随光照强度改变而变化。

相关知识

一、光照传感器特性

光照传感器尽可能满足以下特性：

(1)光照强度与输出电信号的变化关系要稳定,容易检测和处理,且随光照强度呈线性变化。

(2)对环境中光照强度以外的其他物理量:反应灵敏度要低,受环境的影响要小。

(3)特性随时间变化要小;重复性好,没有滞后和老化现象;灵敏度高,坚固耐用,体积小,对检测对象的影响要小。

(4)机械性能好,耐化学腐蚀,耐热,抗寒,对环境适应性好;能大批量生产,价格便宜;无危险性,无公害等。

二、串口服务器的工作模式

串口服务器设备实现网络连接。串口服务器可采用三种工作模式:TCP服务器方式、TCP客户端方式、自动方式。向上提供网络连接,向下提供一个RS-232串口,参数可通过浏览器设置。串口服务器支持点到点、点到多点的连接,支持广播或组播方式。串口服务器同时采用透明双向传输的方式,使用户在不了解复杂的TCP/IP协议时,不用更改用户程序即可运行。

三、串口服务器的应用

某工厂设备数据采集,14个采集点分布于不同位置,每个采集点采集的信号量多少不一,要求设计一个采集系统,能在中央控制室对采集的数据进行实时监测和控制。 根据以上情况,本系统采用一种串口服务器连接上位机和下位机,以完成数据的采集和传输,该设计方案的系统结构如图4-3-23所示。

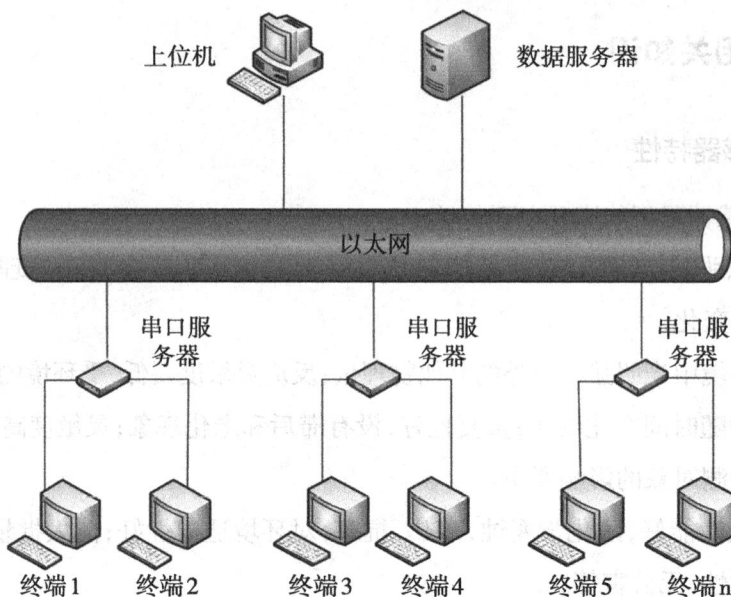

图4-3-23　系统结构

任务评价

表4-3-4　光照传感器的安装与调试任务评价表

评价指标	评价内容	评价标准	分值	学生自评	老师评估
知识目标	串口服务器功能和原理	能描述串口服务器功能和原理记10分	10分		
	RJ45双绞线选用	能描述RJ45双绞线选用方法记5分	5分		
	硬件设备地址	能描述硬件设备地址的作用记5分	5分		
技能目标	连接光照传感器调试电路	能正确连接调试设备记10分，错1处扣2分	10分		
	安装串口服务器驱动程序	能安装串口服务器助手软件记10分	10分		
	CRC计算助手	能正确使用CRC校验码记10分；能分析CRC校验码5分	15分		
	配置串口服务器	能正确配置串口服务器记15分，每错1项扣2分	15分		
	调试系统运行	能调试输出系统数据记5分；能分析并调试完善记5分	10分		

续表

评价指标	评价内容	评价标准	分值	学生自评	老师评估
情感目标	学习能力	能应用信息技术收集信息记5分;能处理收集的信息记3分;能理解收集的信息记2分	10分		
	团队协作能力	能积极主动参与任务记5分;个人完成情况满分3分,小组完成情况满分2分	10分		
学习体会:					

练一练

1. 查找各种串口服务器的说明书,了解各种串口服务器的参数。

2. 用任意画图软件画出调试光照传感器的硬件连接示意图。

3. 在网上找某一串口服务器的应用案例,并在小组中对方案做讲述。

项目五 大气压力传感器的安装与调试

　　小张是一名登山运动的爱好者。一天,小李也想尝试一下登山的乐趣,就找小张了解登山需要随身携带的物品。小张告诉小李:除了必备物品外,最好携带一块可以实时显示海拔、气压、温度等值的电子仪表或户外运动手表。小李好奇:这种仪表会不会像GPS定位系统一样,在某些地方显示值不准确呢? 小张答:现在很多户外设备都已将大气压力传感器与GPS结合,进行三维定位,非常精准。

　　大气压力传感器的应用范围已较广,本章以智能环境监测中的大气压力传感器为例,学习如何根据实际需要选用和检测大气压力传感器。

目标类型	目标要求
知识目标	(1)能描述大气压力传感器的功能和工作原理 (2)能描述大气压力传感器的主要性能指标 (3)能描述大气压力传感器的检测方法
技能目标	(1)能正确进行大气压力传感器的选型 (2)能正确安装并调试大气压力传感器 (3)能检测大气压力传感器的质量
情感目标	(1)培养安全意识 (2)培养团队合作意识 (3)培养信息收集能力 (4)培养规范操作意识

任务一 大气压力传感器的选型

任务目标

了解大气压力传感器的功能;掌握大气压力传感器的工作原理;熟练识别大气压力传感器的主要技术参数;能根据系统要求正确选用大气压力传感器。

任务分析

本次任务要求选择一款合适的大气压力传感器对大气压力进行精确测量,并对所选的传感器按照相关要求进行参数分析。工作流程如下:

任务准备 → 任务场景分析 → 查阅资料 → 选择一款符合场景要求的大气压力传感器

任务实施

一、任务准备

(一)工具准备

电脑或可上网的手机。

(二)知识准备

1.大气压力传感器的功能

大气压力传感器是指能感受大气压并转换成可用电信号输出的传感器。大气压力传感器用于测量气体的绝对压强。主要适用于与气体压强相关的物理实验,如气体定律等,也可以在生物和化学实验中测量干燥、无腐蚀性气体的压强。大气压力传感器是大气压测量仪表的核心部分。

2.大气压力传感器的性能指标

在选用大气压力传感器时,应首先了解大气压力传感器的主要性能指标。大气压力传感器主要性能指标包括测量范围、测量精度、温度补偿范围等。

(1)测量范围。即所能测量的大气压力范围,单位为kPa。

(2)测量精度。测量电流或电压的精度。

(3)测量对象是否是绝对气压值。绝对气压值对应的是实际的气压值。

(4)工作电压。传感器正常工作应接入的电源电压。如果以电池供电的无线大气压力传感器还要考虑电池供电时间。

NH122Y系列大气压力传感器的主要技术参数如表5-1-1所示。

表5-1-1　NH122Y系列大气压力传感器的主要技术参数

技术参数	××系列大气压力传感器参数值		
	NH122Y600~1100-U2 NH122Y100~1100-U2	NH122Y600~1100-I NH1212Y100~1100-I	NH122Y100~1100-R
输出信号	DC 0~2 V	4~40 mA 电流环	RS-485
测量范围	A:60~110 hPa B:10~110 hPa		
测量精确度	±0.3 hPa	±0.3 hPa	±0.3 hPa
输出值计算	输出值=(实测电压/电压输出范围)×量程	输出值=(实测电流/电流输出范围)×量程	Modbus RTU 协议
引线长	0.5 m	0.5 m	0.5 m
接线定义	1Pin红:电源 2Pin绿:GND 3Pin黄:信号输出	3Pin黄:二线制电流环、不分极性 4Pin蓝:二线制电流环、不分极性	1Pin红:电源 2Pin绿:GND 3Pin黄:RS-485A 4Pin蓝:RS-485B
功耗	≤20 mW	≤240 mW	≤30 mW
工作电压	DC 4~24 V	DC 7.5~36 V	DC 4~24 V

3.大气压力传感器的选型依据

(1)测量精度和测量范围。不同类型的大气压力传感器测量范围有一定的区别,在汽车胎压检测中常用到测量范围超过220 kPa的大气压力传感器,而大棚大气压力传感器和气象用大气压力传感器测量范围要小得多。

(2)使用环境。使用环境影响大气压力传感器的工作状态,如精度、寿命都与使用环境有关。不同的使用环境对大气压力传感器的封装形式要求也不同。

(3)测量对象。测量对象可能是运动的、振动的,其温度可能是变化的,在大气压力传感器选型时要充分考虑。

(4)相关技术标准。在一些特殊的应用环境中使用传感器,国家或行业对传感器有明确的技术要求,在选用大气压力传感器时要参考相应的技术标准作为选型依据。

4.大气压力传感器的使用注意事项

(1)气压是作用在单位面积上的大气压力,即等于单位面积向上延伸到大气上界的垂直空气柱的重量。

(2)气象上使用的所有气压表的刻度均应以 hPa 分度。在标准条件下,760 mmHg 的气压(一个标准大气压)等于 1 013.25 hPa。

(3)在使用大气压力传感器过程中,注意电源正负极、信号端之间不要接错。

(三)任务分工

小组成员讨论并分工,将分工明细填入表5-1-2中。

表5-1-2 任务分工表

任务内容	负责人
查询世界各国最高峰高度排名	
查询目前海拔高度测量的方式	
查询一款符合要求的大气压力传感器,并完成大气压力传感器参数表	

二、操作步骤

(一)场景分析

分析大气压力传感器不同的应用场景,完成表5-1-3。

表5-1-3 场景分析表

分析的问题	分析的结果
世界各国最高峰高度排名	
目前海拔高度测量的方式	
登山常用装备有哪些	□宿营装备 □技术装备 □个人装备
所选大气压力传感器的价格范围	□50~300元 □300~600元 □600~1 000元

(二)查询大气压力传感器

根据前面分析并学习到的相关知识和经验,查询一款具体的大气压力传感器,完成表5-1-4。

表5-1-4 大气压力传感器的技术参数

技术参数	参数值
型号	
厂家	
价格	
工作电压	
功耗	
测量范围	
测量精确度(误差)	

(三)提交任务报告

以PPT方式提交任务报告,报告内容包括:智能环境中大气压力传感器的主要功能、智能环境分析表、所选大气压力传感器图片、所选大气压力传感器的技术参数、小组任务分工表。

相关知识

一、大气压力传感器的工作原理

有的大气压力传感器是在单晶硅片上加工出真空腔体和惠斯通电桥。惠斯通电桥桥臂两端的输出电压与施加的压力成正比,经过温度补偿和校准后具有体积小、精度高、响应速度快、不受温度变化影响的特点。输出方式一般为模拟信号输出和数字信号输出两种。如果是模拟信号输出方式,则此信号经专用放大器,再经电压或电流变换,将量程对应的信号转化成标准的4~20 mA或1~5 V直流电信号。

常见的大气压力传感器外形如图5-1-1所示。

图5-1-1 常用大气压力传感器

二、大气压力传感器的应用

大气压力传感器主要用来测量大气的压强大小,其中一个大气压量程的大气压力传感器通常用来测量天气的变化或利用气压和海拔高度的对应关系应用于海拔高度的测量。虽然我们现在常常见到的GPS接收机上很少见到大气压力传感器的身影,但实际上在高精度的大气压力传感器式GPS接收机上其有很广泛的应用。

(一)海拔高度测量

目前由于技术和其他方面因素的限制,通过GPS接收机计算出来的海拔高度值误差都在几十米左右,以至于一般的GPS接收机都不显示海拔高度数据。如果想比较准确地测量海拔高度,就需要采用其他方式来测量。其中一种方式就是在GPS接收机中增加一个大气压力传感器,利用大气压力和海拔高度之间的对应关系计算出GPS接收机的实际海拔高度。目前有两个大的应用方向。

1.手持GPS接收机

手持GPS接收机的用户一般都是喜欢旅游、登山、野外探险的年轻人。他们需要了解的是经纬度、方向和高度等数据,当在树林里或者悬崖下时有可能会接收不到GPS卫星信号,所以有些型号的手持GPS接收机就附加有电子罗盘和气压高度计,如GARMIN VISTA、麦哲伦探险家600等。由于之前高精度的磁阻传感器和大气压力传感器成本比较高,导致手持GPS接收机的成本也降不下来,限制了市场的规模。现在随着低成本高精度大气压力传感器的出现,相信这部分市场会有比较大的增长。

2.车载GPS接收机

随着价格的不断降低,现在越来越多的人购买了车载GPS接收机,在享受GPS导航带来便利的同时,经常会听到有人抱怨在立交桥和高架路上行驶时,GPS经常会发出错误的导航指令。比如在桥上正常行驶的时候,GPS突然叫你右转,可是桥上根本没有右转的出口,这就是因为GPS接收机没有准确判断出车辆实际是在桥上还是桥下，从而发出了错误的指令。前面提到GPS接收机通过卫星信号计算出来的高度数据误差一般有几十米，而一般立交桥和高架路的上下两层高度差通常也就在几米到十几米的范围，所以在导航地图上就不考虑高度数据，直接把三维的立交桥当成二维的交叉路口来处理，再加上GPS接收机的水平定位误差就会经常出现桥上、桥下判断错误的现象。错误的导航指令不仅会给客户带来不便，而且如果客户完全按照导航指令来操作甚至会发生危险。但是这个问题之前一直没有得到很好的解决。

如果我们在车载GPS接收机里增加一个高精度的大气压力传感器来辅助测量高度数据，就可以很好地解决这个问题。现在高精度的大气压力传感器用来测量高度可以做到1 m的分辨率，用来判断桥上、桥下的高度差是完全可以胜任的。当然要解决这个问题，还需要GPS地图商的配合，测量立交桥和高架路的平面和高度的三维数据，做出立交桥和高架路的三维模型，使导航软件能够利用气压高度计测量的高度数据指引司机在立交桥和高架路上正确行驶。

(二)便携式气象站应用

在GPS接收机中增加一个高精度大气压力传感器、一个湿度传感器、一个温度传感器，GPS接收机就变成了一个便携式气象站，既可以做成手持式，也可以做成车载式。可以测量空气温度、空气湿度、大气压力、海拔高度，并根据大气压力的变化预测出未来12 h左右的天气变化。

任务评价

表5-1-5　大气压力传感器的选型任务评价表

评价指标	评价内容	评价标准	分值	学生自评	老师评估
知识目标	世界各国最高峰高度排名	能描述高度世界排名前五的高峰,描述正确1个记2分	10分		
	大气压力传感器的功能	能正确描述大气压力传感器的功能记10分	10分		
	大气压力传感器的主要技术指标	能描述大气压力传感器的主要技术指标,描述正确1个记2分	10分		

续表

评价指标	评价内容	评价标准	分值	学生自评	老师评估
技能目标	资料的查阅或搜索	能查阅或搜索到适合本任务要求的传感器记10分；能找到技术参数，记10分	20分		
	大气压力传感器的选型	能根据系统要求正确选用大气压力传感器，以PPT形式呈现记10分；内容清楚、有条理，记10分	20分		
情感目标	学习能力	能收集3款大气压力传感器的技术参数，1款记5分	15分		
	团队协作能力	能承担小组的分工并协助其他小组成员完成选型任务记15分	15分		

学习体会：

练一练

1.列举大气压力传感器在我们生活中的应用案例。

2.叙述大气压力传感器的工作原理。

任务二　大气压力传感器和无线路由器的检测

任务目标

能正确连接检测电路;能用数字示波器或数字万用表检测大气压力传感器和无线路由器的工作状态。

任务分析

本任务主要是判断大气压力传感器和无线路由器的好坏,要求用数字万用表观察在模拟大气压力发生变化后输出信号同步发生变化的现象,以确定大气压力传感器的主要参数是否符合要求。工作流程如下:

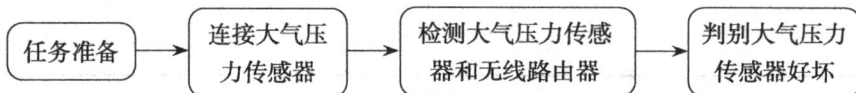

任务准备 → 连接大气压力传感器 → 检测大气压力传感器和无线路由器 → 判别大气压力传感器好坏

任务实施

一、任务准备

(一)工具准备

按表5-2-1所示内容准备大气压力传感器和无线路由器检测的相关工具。

表5-2-1　大气压力传感器和无线路由器检测相关工具

序号	名称	功能
1	斜口钳	剪线、剥线头
2	螺丝刀	拆装螺丝钉
3	数字万用表	检测大气压力传感器输出电流
4	可密闭充气袋	模拟大气压力

(二)硬件准备

按表5-2-2所示准备大气压力传感器和无线路由器检测的相关硬件。

表5-2-2 大气压力传感器和无线路由器检测的相关硬件

序号	名称	功能
1	大气压力传感器	检测大气压力值
2	24 V直流电源	为大气压力传感器提供电源电压
3	1 kΩ电阻器	代替负载
4	面包板	插装元器件和连接导线
5	金属网孔板安装架	用于安装大气压力传感器
6	4P接线端子	连接导线
7	连接导线	用于连接大气压力传感器和负载等
8	无线路由器	应用于用户上网、信息交换等

(三)知识准备

1.大气压力

地球表面覆盖有一层厚厚的由空气组成的大气层。在大气层中的物体,都要受到空气分子撞击产生的压力,这个压力称为大气压力。也可以认为,大气压力是大气层中的物体受大气层自身重力产生的作用于物体上的压力。

2.标准大气压

标准大气压是指在标准大气条件下海平面的气压,其值为101.325 kPa,是压强的单位之一,记作atm。化学中曾一度将标准温度和压力(STP)定义为0 ℃(273.15 K)及101.325 kPa(1atm),但1982年起IUPAC将标准压力重新定义为100 kPa。

1标准大气压=760 mmHg=76 cmHg=1.01325×10^5 Pa=10.336 mH$_2$O

1标准大气压=101 325 N/㎡(在计算中通常为1标准大气压=1.01×10^5 N/㎡。)

100 kPa=0.1 MPa

3.大气压力传感器的铭牌

铭牌是指固定在产品上以提供厂家商标、品牌、产品参数等信息的标识牌。在大气压力传感器铭牌中,一般会标明产品型号、测量范围、工作电压、输出信号和测量精度等信息,一般还会标出不同颜色的接口线是接电源"+"、电源"−",还是接信号输出线,读懂铭牌才能正确使用。某种大气压力传感器的铭牌如图5-2-1。

```
大气压力传感器
型号：HSTL-DQY-01  量程：0~120 kPa
输出：4~20 mA       供电：DC 12~24 V

红：V+              蓝：输出        ‖‖‖‖‖‖‖‖
                                   20051006
```

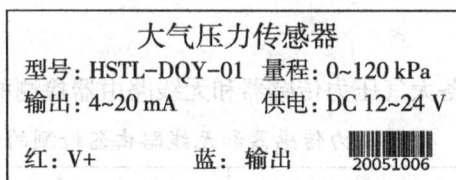

图5-2-1 大气压力传感器铭牌

此大气压力传感器技术参数信息如下：

表5-2-3 大气压力传感器技术参数

技术参数	参数值
型号	HSTL-DQY-01
工作电压	DC 12~24 V
测量范围	0~120 kPa
输出信号	电流输出 4~20 mA

该铭牌中标出了主要颜色输出线的功能，如果在购买传感器时铭牌上没有标明各输出线的功能，可根据型号在网上查找该传感器的其他信息。

4. 大气压力传感器使用说明书

大气压力传感器使用说明书是使用传感器时需要首先认真阅读的资料。说明书中对传感器的功能、型号、使用环境条件、结构及原理、技术特性、尺寸、安装要求有详细的说明，对传感器的使用有重要的指导作用。

HL-DQ1大气压力传感器使用说明书

HL-DQ1大气压传感器采用进口高精度压力芯片，测量精度高、稳定性好。精密信号处理电路可根据用户的不同需求将大气压力转换为电压或电流等其他输出信号。具有体积小巧、性能可靠、精度高、负载能力强、传输距离长、抗干扰能力强等特点。可广泛用于气象、海洋、环境、机场、港口、实验室、工农业及交通等领域。

产品特点

(1)线性模拟信号输出

(2)故障率小

(3)功耗低、响应速度快

(4)连接简便、体积小巧

(5)性价比高，专业级大气压力测量，应用于各类自动气象站的大气压力专业测量

技术参数

(1)测量范围：500 ~ 1 060 hPa

(2)输出：频率/电压/智能

(3)分辨率：0.1 hPa

---

(4)准确度:±0.5 hPa

(5)量程:0~110 kPa

(6)供电电源:DC 12~32 V(通常DC 24 V)

(7)输出形式:a.DC 0~5 V;b.4~20 mA;c.RS-232/RS-485网络通信

(8)介质温度:-10~60 ℃

(9)环境温度:-10~60 ℃

(10)测量精度:±0.5%

(11)非线性:≤±0.2%F·S

(12)迟滞性与可重复性:≤±0.2%F·S

(13)长期稳定性:≤±0.1%F·S/年

(14)热力零点漂移:≤±0.02%F·S/℃

(15)响应时间:≤30 ms

(16)最大工作压力:2倍量程

(17)电气连接:接线端子

(18)测量介质:空气

注意事项

(1)开箱后请检查本产品是否与您的订货要求一致,包装、产品有无损坏,量程是否符合使用要求,如发现有误,请与本公司市场部联系。

(2)请按说明书中的要求正确接线。

(3)本产品属精密测量仪表,严禁随意摔打、冲击、强力夹持、拆卸或用尖锐的器具捅引压孔或金属膜片。

(4)变送器应尽可能安装于通风、干燥、无蚀、荫凉之处。

(5)严禁系统过载超过本说明书规定的极限。

(6)若测量介质为黏稠状或有悬浮颗粒的液体,要防止引压孔堵塞和对膜片的冲击。被测介质严禁结晶,当环境温度较低时,变送器如不使用应将其拆下,以防结晶损坏膜片。

(7)介质中如果杂质较大时,应选法兰取压,或加过滤装置。

(8)变送器导线不应和高压电缆线一起铺设。

(9)安装位置尽量远离大功率的电气设备,以防干扰。

(10)安装位置避免强烈震动,震动较大可采取远传引压。

······

(四)任务分工

小组成员讨论并分工,将分工明细填入表5-2-4中。

表5-2-4　任务分工表

任务内容	负责人
用密闭袋及重物模拟不同环境大气压力	
连接设备并调节好电源	
检查设备连接是否正确	
检测大气压力传感器	
记录测量结果	

二、操作步骤

(一)连接设备

(1)将大气压力传感器接入负载,即用导线将大气压力传感器的信号线(蓝色)、接地线(黑色)和负载串联成一个闭合回路,连接线路如图5-2-2所示。

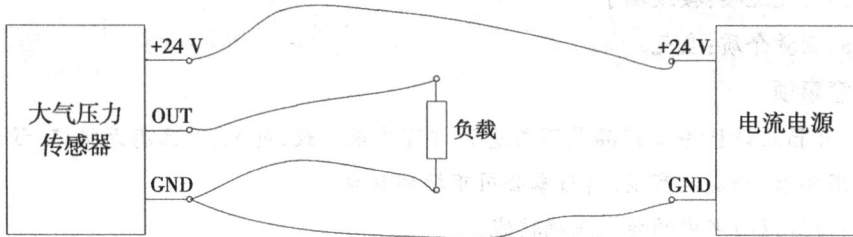

图5-2-2　大气压力传感器与负载连接示意图

(2)任意断开大气压力传感器负载回路的一根导线,将数字万用表串入电路。

在检测过程中,负载用电阻器代替。为了便于插拔导线和电阻器,借助面包板进行导线和电阻器的连接,电路连接如图5-2-3所示。注意将万用表调到正确的挡位和量程。

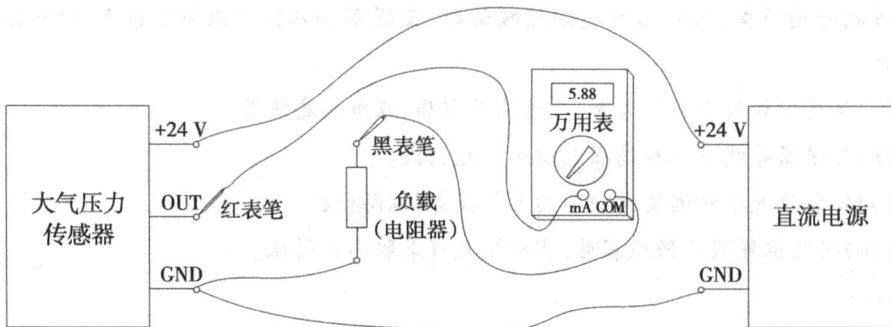

图5-2-3　将数字万用表串联接入负载回路示意图

（3）将大气压力传感器的电源正极（红色）和电源负极（黑色）接入24 V直流电源中，如图5-2-4所示。检查无误后打开电源，注意电源正负极不要接反。

图5-2-4　将大气压力传感器接入24 V直流电源

（二）检测大气压力传感器

（1）在自然环境下，检测大气压力传感器的输出电流，如图5-2-5所示，读出万用表的电流值填入表5-2-5。

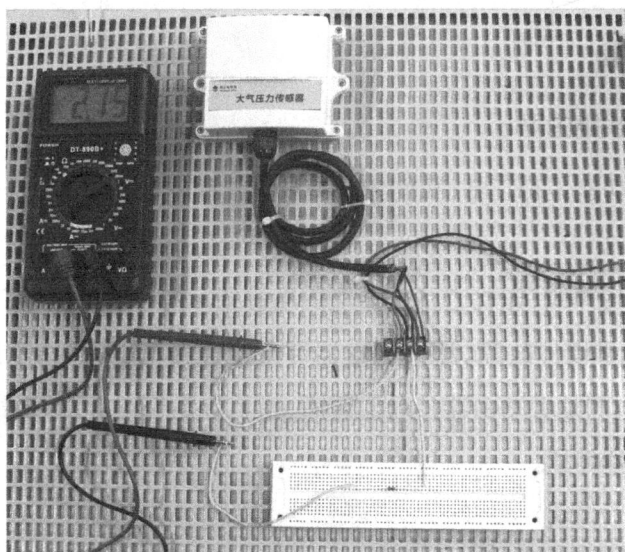

图5-2-5　自然环境下检测大气压力传感器输出电流

(2)将大气压力传感器装入准备好的密闭袋中,尽可能多地装入空气,如图5-2-6所示,读出万用表的电流值填入表5-2-5。

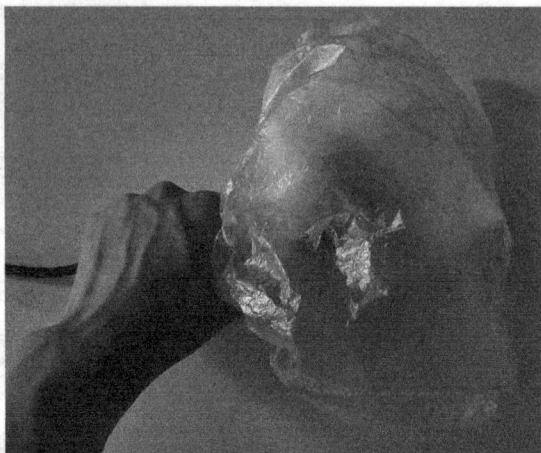

图5-2-6 将大气压力传感器装入密闭袋内

(3)在可密闭充气袋上面放1 kg重物,读出万用表的电流值填入表5-2-5。

表5-2-5 检测大气压力传感器输出电流

不同环境 测量参数	自然环境下	可密闭充气袋内	可密闭充气袋放1 kg重物
输出电流			

(三)检测无线路由器

判断路由器功能是否正常,我们主要有以下几种方法。

1.外观检查法

如果网络出现掉线,先检查路由器上的电源指示灯、网络指示灯是否正常。如果路由器内部有严重硬件故障,那么路由器即便是连接上电源,指示灯也不会正常显示。因此,最直观的是看路由器接通电源后,指示灯是否正常,如果指示灯都不亮了,那么很明显路由器坏了。

2.检测法

有些路由器尽管坏了,但各项指示灯还是能正常亮,只是连接网络会掉线或者极其不稳定。对于这种情况,可以通过ping网络或者ping路由器地址来判断。

(1)首先我们可以ping路由器地址,看看电脑与路由器之间的通信是否正常,具体方法是:使用键盘上的【Win】+【R】组合快键,打开"运行"对话框,然后键入"ping 192.168.1.1",完成后,点击底部的"确定"。

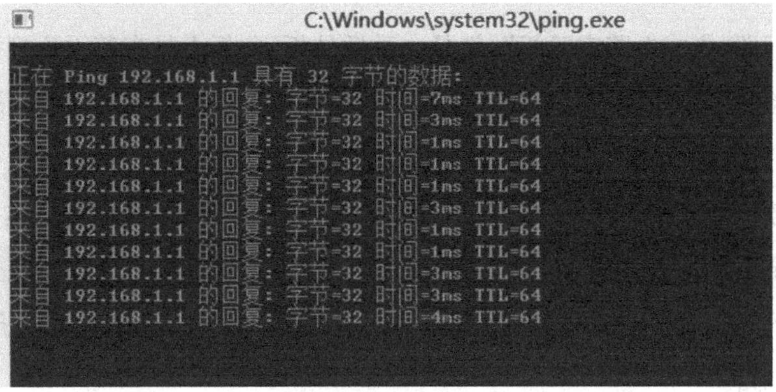

图5-2-7 检查ping电脑与路由器连接状况

图5-2-7为连接正常界面,如果电脑与路由器通信不正常,那么会有超时、找不到主机等提示,说明电脑访问路由器有问题,那么这种情况很可能是路由器坏了。

(2)另外我们还可以ping外部网络连接,检查是否可以正常上网,同样是使用键盘上的【Win】+【R】组合快键,打开"运行"对话框,然后键入"ping www.pc841.com",完成后,点击底部的"确定"。若输入不正常代码,通常为请求超时、找不到主机等提示,如图5-2-8所示。

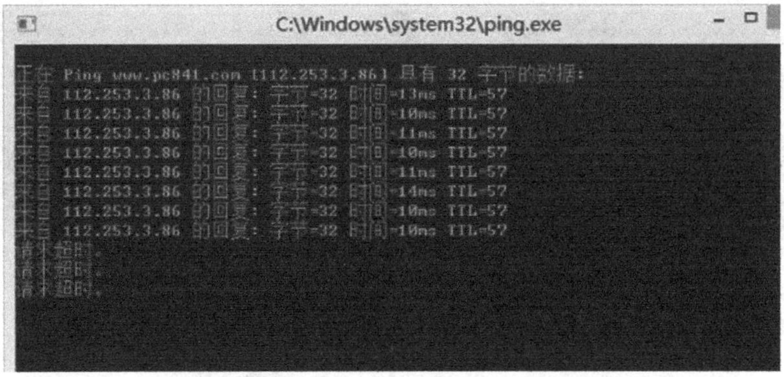

图5-2-8 ping外部网络连接检测路由器

🖥️ 相关知识

一、面包板的构造

面包板即"集成电路实验板",就是一种插件板,此板上具有若干小型插孔。在进行电路实验时,可以根据电路连接要求,在相应孔内插入电子元器件的引脚以及导线等,使其与孔内弹性簧片接触,由此连接成所需的实验电路。图5-2-9为一种面包板实物图。该面包板有4行65列,每条金属簧片上有5个插孔,因此插入这5个孔内的导线就被金属簧片连接在一起。簧片之间在电气上彼此绝缘。插孔间及簧片间的距离均与双列直插式(DIP)集成电路管脚的标准间距2.54 mm相同,因而适于插入各种数字集成电路。

二、面包板使用注意事项

插入面包板上孔的引脚或导线铜芯直径为0.4~0.6 mm,即比大头针的直径略微小一点。元器件引脚或导线头要沿面包板板面的垂直方向插入方孔,能感觉到有轻微、均匀的摩擦阻力。在面包板倒置时,元器件应能被簧片夹住而不脱落。面包板应该在通风、干燥处存放,特别要避免被电池漏出的电解液所腐蚀。要保持面包板清洁,焊接过的元器件不要插在面包板上。

图5-2-9　面包板实物图

任务评价

表5-2-6　大气压力传感器和无线路由器的检测任务评价表

评价指标	评价内容	评价标准	分值	学生自评	老师评估
知识目标	大气压力概念	能描述大气压力的概念记10分	10分		
	大气压力检测方法	能描述检测大气压力的方法,描述出1种记5分	10分		
技能目标	设备连接	能连接大气压力传感器检测电路记15分,错误1处不得分	15分		
	数字万用表使用	能使用数字万用表测量电流记15分,挡位调节错误1次,扣5分,烧坏仪器或元器件不得分	15分		
	大气压力传感器检测	能判别大气压力传感器的好坏记15分	15分		
	无线路由器检测	能判别无线路由器的好坏记15分	15分		
情感目标	学习能力	收集3款大气压气传感器的说明书记10分	10分		
	团队协作能力	能承担小组的分工,并协助其他小组成员完成检测任务,记10分	10分		

学习体会:

练一练

1.什么是标准大气压?

2.气压与海拔有什么关系?

任务三 大气压力传感器的安装与调试

任务目标

能根据现场情况将大气压力传感器正确地安装在监测区域;能正确连接电源和信号线;能通过电脑观察大气压力传感器的工作状态。

任务分析

在选定大气压力传感器后,根据传感器外形和接口特点安装,打开电脑上的传感器测试软件,观察大气压力传感器采集到的模拟大气压力发生变化后输出信号同步发生变化的现象,以确定大气压力传感器是否正确安装。工作流程如下:

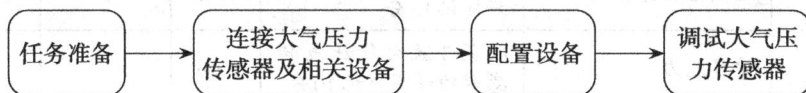

任务准备 → 连接大气压力传感器及相关设备 → 配置设备 → 调试大气压力传感器

任务实施

一、任务准备

(一)工具准备

按表5-3-1所示准备大气压力传感器安装与调试的相关工具。

表5-3-1 大气压力传感器安装与调试相关工具

序号	名称	功能
1	斜口钳	剪线、剥线头
2	螺丝刀	拆装螺丝钉
3	可密闭充气袋	模拟大气压力

(二)硬件准备

按表5-3-2所示准备大气压力传感器安装与调试相关硬件。

表5-3-2 大气压力传感器安装与调试相关硬件

序号	名称	功能
1	大气压力传感器	检测大气压力值
2	24 V直流电源	为大气压力传感器及模拟量采集器提供电源电压
3	模拟量采集器	将大气压力传感器输出的模拟信号转换为RS-485接口能识别的信号
4	接口转换器	将RS-485信号转换为RS-232串口信号
5	串口服务器	可以让多路RS-232设备立即联网
6	无线路由器	用于用户上网和无线覆盖
7	笔记本电脑	接收大气压力传感器感知的数据
8	4P接线端子	连接导线
9	连接导线	用于连接大气压力传感器和负载等
10	RS-232串口线	连接接口转换器与串口服务器
11	网线	一根连接串口服务器与无线路由器,另一根作为调试无线路由器使用

(三)软件准备

按表5-3-3所示准备大气压力传感器安装与调试相关软件。

表5-3-3 大气压力传感器安装与调试相关软件

序号	名称	功能
1	串口服务器驱动程序	使笔记本电脑和串口服务器通信的特殊程序
2	CRC计算助手软件	调试串口的软件

(四)知识准备

1.无线路由器功能

无线路由器是用于用户上网、带有无线覆盖功能的路由器。也可以将无线路由器看作一个转发器,将家中接出的有线宽带网络信号通过天线转发给附近的笔记本电脑、平板电脑、手机等无线网络设备。常见的无线路由器如图5-3-1所示。

市场上流行的无线路由器一般都支持专线XDSL、CABLE、动态XDSL、PPTP四种接入方式。其还具有一些网络管理的功能,如DHCP服务、NAT防火墙、MAC地址过滤、动态域名等功能。一般的无线路由器信号范围为半径50 m,不过现在已经有部分无线路由器的信号范围达到了半径300 m。

图 5-3-1　常见的无线路由器

2.各设备的供电电源

本任务中大气压力传感器的电源为24 V直流电源;模拟量采集器的电源为24 V直流电源;RS-485/232接口转换器的电源为5 V直流电源;串口服务器的电源为5 V直流电源;无线路由器的电源为24 V/2.5 A的直流电源。

3.各设备间的连接线

传感器与模拟量采集器之间用BVR细导线连接;模拟量采集器与RS-485/232接口转换器之间用BVR细导线连接;RS-485/232接口转换器与串口服务器之间用9针串口线连接;串口服务器与无线路由器之间用网线连接;无线路由器与主控计算机之间无线连接,但在配置无线路由器参数时需要临时接一根网线。

(五)任务分工

小组成员讨论并分工,将分工明细填入表5-3-4中。

表 5-3-4　任务分工表

任务内容	负责人
连接设备	
配置设备	
调试大气压力传感器	

二、操作步骤

(一)连接设备

(1)将大气压力传感器、模拟量采集器、接口转换器、串口服务器、无线路由器用相应的连接线连接起来,如图5-3-2所示。

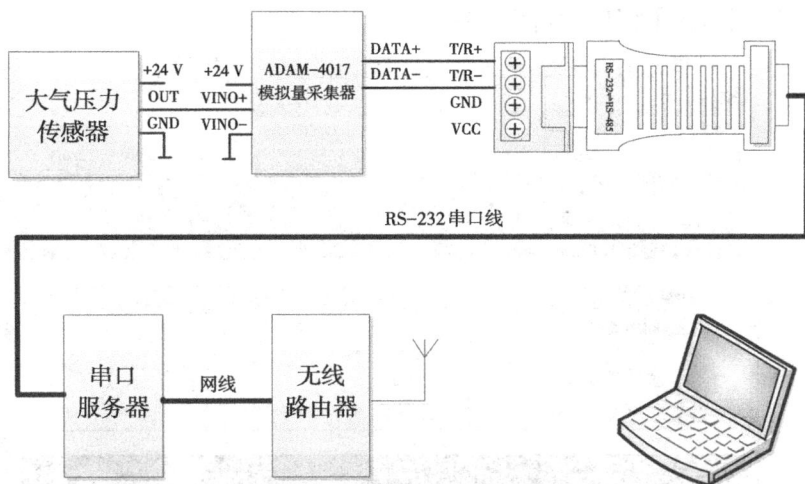

图 5-3-2　大气压力传感器安装与调试连接示意图

（2）检查无误后，分别接通各设备的电源。注意各设备电源电压不要接错。如大气压力传感器和模拟量采集器使用的是24 V直流电源，串口服务器采用的是5 V直流电源。

(二)配置设备

1.配置串口服务器

串口服务器的配置按本书项目四中任务三的方式进行，这里不再叙述。

2.配置无线路由器

（1）接通无线路由器的电源适配器后，将路由器的重置按钮（如图5-3-3所示）长按10 s，让系统重置。

（2）将主控计算机用网线连接至无线路由器的LAN端口。无线路由器的LAN端口如图5-3-4所示，注意是接普通网线的接口，不是接外部Internet接入线端口。

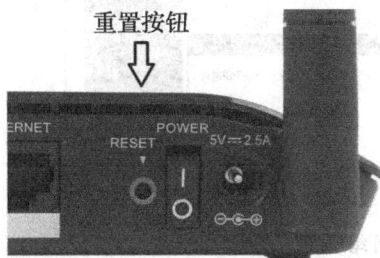

图 5-3-3 路由器的重置按钮　　　　5-3-4 无线路由器端口

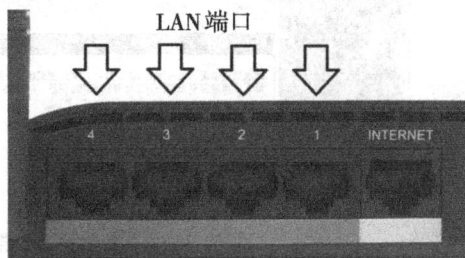

（3）在主控计算机上打开IE，输入192.168.0.1，进入路由器管理界面。输入用户名

和密码,后点击【登录】按钮。如图5-3-5所示。

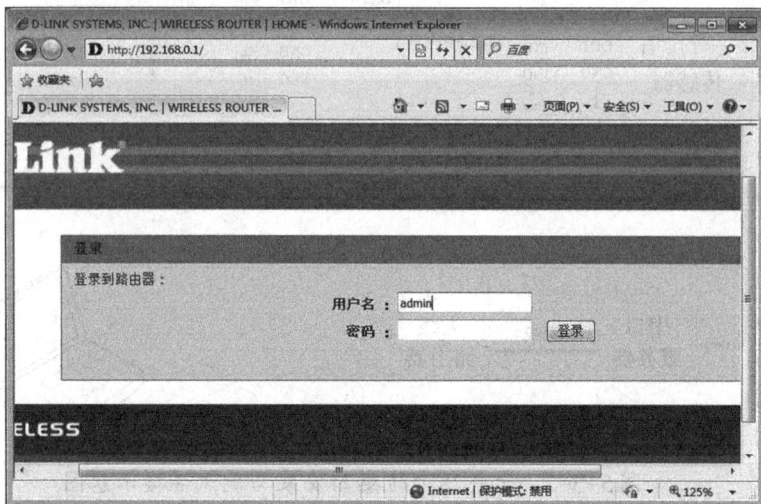

图5-3-5 无线路由器登录页面

(4)选择"网络设置",将路由器IP地址改为192.168.1.1(当然也可以改为其他网段,修改为其他网段的时候需要将其他设备的网段也做相应的修改),改完点击【保存设置】按钮,如图5-3-6所示。IP地址修改成功后,系统会要求重新登录,再次执行第三步,用新的IP地址重新登录路由器。

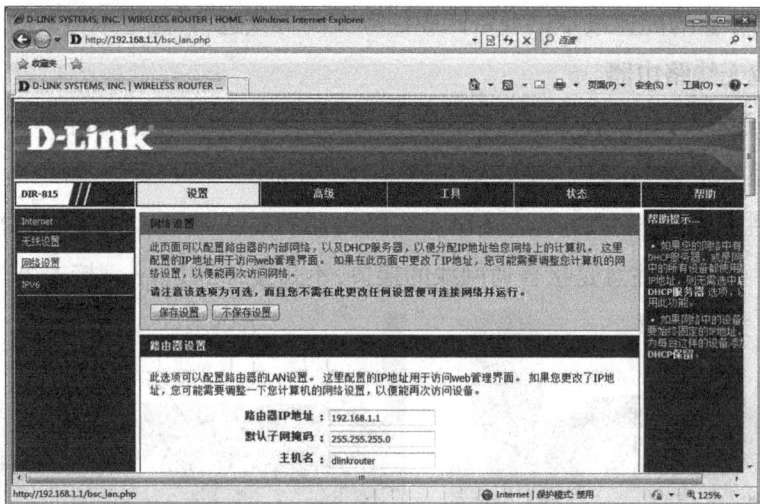

图5-3-6 无线路由器"网络设置"界面

(5)点击"无线设置",选择"启用无线功能"下拉菜单中的"总是",以启用无线功能。如图5-3-7所示。

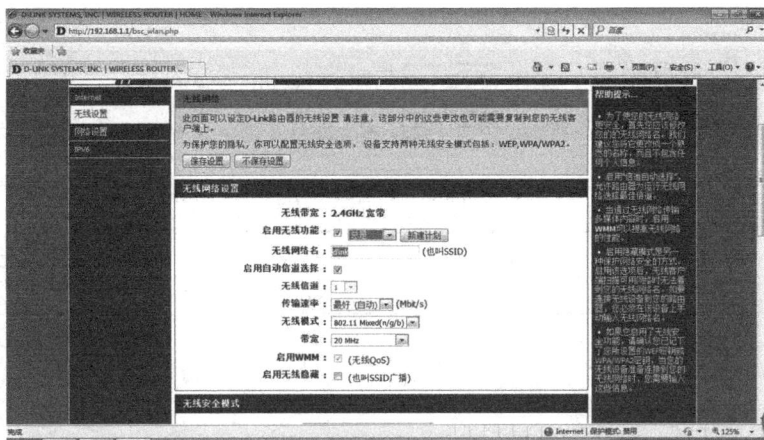

图5-3-7 无线路由器"无线设置"界面

(6)设置无线路由器的网络密钥。为便于完成整个任务,这里我们将安全模式设置为"禁用无线安全(不推荐)",点击【保存设置】按钮,如图5-3-8所示。路由器将会重启,需重新登录后才能查看配置结果。

图5-3-8 无线路由器网络密钥设置界面

(7)将无线路由器配置完成后,拔掉无线路由器与主控计算机间的网线,观察主控计算机是否能与无线路由器之间进行无线连接。

(三)调试大气压力传感器

(1)运行资料包中的CRC计算助手软件commix,在出现的对话框中选择对应的串口、波特率等,再点击【打开串口】按钮,如图5-3-9所示。

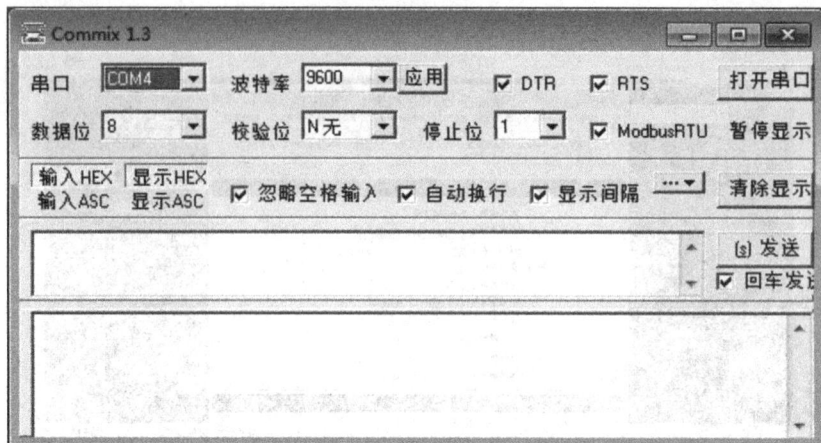

图5-3-9　选择并打开串口

（2）点击"输入HEX"，在相应的对话框中输入"02 03 00 00 00 01"，再点击【发送】按钮，观察对话框下方输出的内容，如图5-3-10所示。

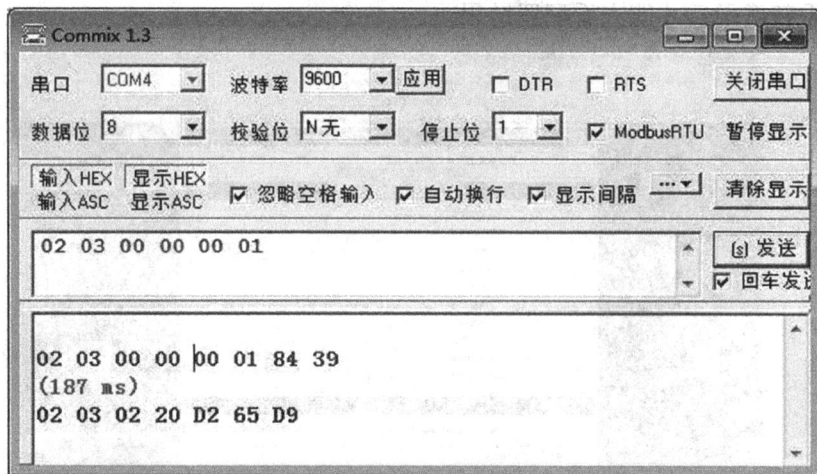

图5-3-10　改变大气压力前的结果

（3）将大气压力传感器放入密闭袋内，尽可能多地装入空气后再次点击【发送】按钮，观察对话框下方输出的内容，如图5-3-11所示。

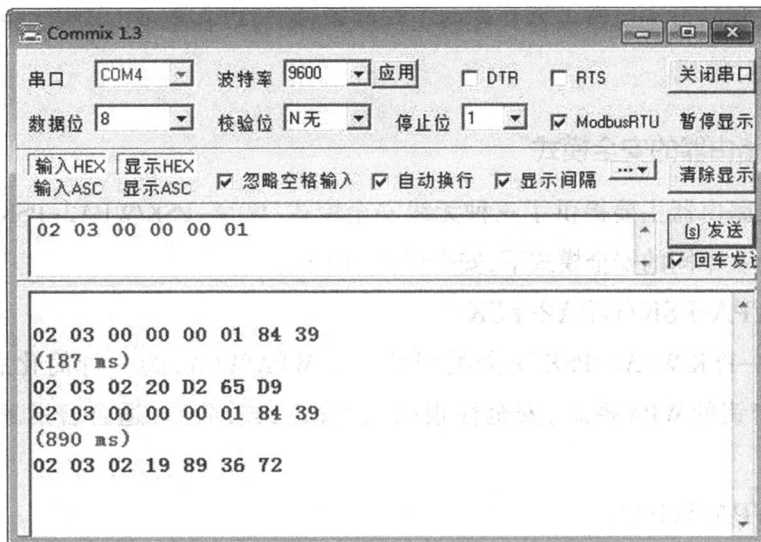

图 5-3-11 改变大气压力后的结果

(4)分析大气压力改变前后两次输出的变化。如果改变大气压力后的输出值随之改变了,说明主控计算机能够正常采集大气压力传感器发回来的数据;否则,需要检查电路是否连接正确、设备是否损坏等,直至能让主控计算机正常反映大气压力的变化。

相关知识

一、无线路由器相关知识

无线路由器是用于上网、带有无线覆盖功能的路由器,可以看作一个转发器,将接出的宽带网络信号通过天线转发给附近的笔记本电脑、手机等无线网络设备。

无线局域网(WLAN)是一个通过无线信号而非有线传输和接收数据的计算机网络。无线局域网越来越多地应用于家庭和办公环境,以及诸如机场、咖啡馆和学校等公共场所。创新的无线局域网科技使人们能更高效地工作和交流。无须电缆连接和其他固定基础设施,以更好的移动性为许多用户提供便利。

无线用户可以使用与有线网络中相同的应用程序。在笔记本电脑和台式电脑中的无线适配卡与以太网适配卡支持相同的协议。Wi-Fi 技术是不使用线缆而将计算机连接到网络的一种方法。 Wi-Fi 技术使用无线电来进行无线连接,所以如果在家或办公室安装一台无线路由器并连接上互联网,则可以在家或办公室中的任何地方自由地连接计算机。

二、无线路由器的安全模式

无线路由器主要提供了三种无线安全模式:WPA-PSK/WPA2-PSK、WPA/WPA2及WEP。在不同的安全模式下,安全设置项不同。

1. WPA-PSK/WPA2-PSK

WPA-PSK/WPA2-PSK 安全类型其实是 WPA/WPA2 的一种简化版本,它是基于共享密钥的 WPA 模式,安全性很高,设置也比较简单,适合普通家庭和小型企业使用。

2. WPA/WPA2

WPA/WPA2 是一种比 WEP 强大的加密算法。选择这种安全类型时,路由器将采用 Radius 服务器进行身份认证并得到密钥的 WPA/WPA2 安全模式。由于要架设一台专用的认证服务器,代价比较昂贵且维护也很复杂,所以不推荐普通用户使用此安全类型。

3. WEP

WEP 是 Wired Equivalent Privacy 的缩写,它是一种基本的加密方法,其安全性不如另外两种安全类型高。选择 WEP 安全类型,路由器将使用 IEEE802.11n 基本的 WEP 安全模式。这里需要注意的是因为 IEEE802.11n 不支持此加密方式,如果选择此加密方式,路由器可能会工作在较低的传输速率上。

这里特别需要说明的是,三种无线加密方式对无线网络传输速率的影响也不尽相同。由于 IEEE 802.11n 标准不支持以 WEP 加密或 TKIP 加密算法的高吞吐率,所以如果选择了 WEP 加密方式或 WPA-PSK/WPA2-PSK 加密方式的 TKIP 算法,无线传输速率将会自动限制在 IEEE802.11n 水平(理论值 54 Mbit/s,实际测试在 20 Mbit/s 左右)。

也就是说,如果使用的是符合 IEEE 802.11n 标准的无线产品(理论速率 150 Mbit/s 或 300 Mbit/s),那么无线加密方式只能选择 WPA-PSK/WPA2-PSK 的 AES 算法加密,否则无线传输速率将会明显降低。而如果使用的是符合 IEEE 802.11g 标准的无线产品,那么三种加密方式都可以很好的兼容,不过仍然不建议选择 WEP 这种较老且已经被破解的加密方式,最好可以升级一下无线路由器。

任务评价

表5-3-5 大气压力传感器的安装与调试任务评价表

评价指标	评价内容	评价标准	分值	学生自评	老师评估
知识目标	电源的种类	能描述本任务中所涉及的电源种类记5分,缺1种记0分	5分		
	连接线的种类	能描述本任务中所涉及的连接线种类记5分,缺1种记0分	5分		
	无线路由器功能	能描述无线路由器的功能记5分	5分		
	无线路由器的安全模式	能描述无线路由器的安全模式记5分,缺1种记0分	5分		
技能目标	大气压力传感器调试电路的连接	能连接各调试设备记15分,错1处记0分	15分		
	串口服务器的配置	能配置串口服务器相关参数记10分	10分		
	无线路由器的配置	能配置无线路由器的相关参数记10分	10分		
	CRC计算助手软件的设置	能设置CRC计算助手软件记10分	10分		
	采集大气压力传感器的数据	能采集大气压力传感器的数据记15分	15分		
情感目标	学习能力	能通过各种渠道收集本任务相关设备的资料记10分	10分		
	团队协作能力	能承担小组的分工,并协助其他小组成员完成安装与调试任务记10分	10分		
学习体会:					

练一练

1.收集两款大气压力传感器说明书,并简述其性能指标。

2.叙述更改无线路由器密码的过程。

项目六 土壤湿度传感器的安装与调试

　　我们时常在缺水的时候,口腔会感觉到干涩,需要通过喝水来止渴。土壤是否缺少水分,通常以人工经验进行判断,造成了水资源的严重浪费。现我国水资源短缺,农田用水量占全国水资源总消耗的比例很大,所以对土壤湿度的准确测量成为节约用水的重要方面。现代农业中节水灌溉技术高速发展,其能通过一种便捷的仪器来感知土壤"口干",能准确地反映土壤湿度,判断作物缺水状况,根据不同时期对水分的需求进行合理灌溉,既有利于避免水资源浪费,又利于作物的产量提高。

　　本章将以智能环境监控系统中的土壤湿度传感器为例,学习如何根据系统要求选用和检测土壤湿度传感器。

目标类型	目标要求
知识目标	(1)能描述土壤湿度传感器的功能和工作原理 (2)能描述土壤湿度传感器的主要性能指标 (3)能描述土壤湿度传感器的检测方法
技能目标	(1)能正确进行土壤湿度传感器的选型 (2)能正确安装并调试土壤湿度传感器 (3)能检测土壤湿度传感器的质量
情感目标	(1)培养安全意识 (2)培养团队合作意识 (3)培养信息收集能力 (4)培养规范操作意识

任务一　土壤湿度传感器的选型

任务目标

了解土壤湿度传感器的功能;掌握土壤湿度传感器的工作原理;熟练识别土壤湿度传感器的主要技术参数;能根据系统要求正确选用土壤湿度传感器。

任务分析

智能环境监控系统中,节水灌溉是一典型的应用。本任务要求选择一款合适的土壤湿度传感器对土壤的湿度进行精确测量,并对所选的传感器按照相关要求进行参数分析。任务工作流程如下:

任务准备 → 任务场景分析 → 查阅资料 → 选择一款符合任务场景的土壤湿度传感器

任务实施

一、任务准备

(一)工具准备

电脑或可上网的手机。

(二)知识准备

通过电脑或手机在网上收集的土壤湿度传感器的图片等资料。

1.土壤湿度传感器的功能

土壤湿度传感器又称土壤水分传感器,是基于介电理论并运用频域测量技术自主研制开发的,能够精确测量土壤和其他多孔介质的体积含水量。可与温室环境监测、土壤墒情采集、自动灌溉控制等系统集成,实现水分的长期动态连续监测,目前广泛应用于科学试验、节水灌溉、温室大棚、花卉蔬菜栽培、草地牧场管理、土壤速测、植物培养、污水处理及各种颗粒物含水量的测量。常见的土壤湿度传感器如图6-1-1所示。

图6-1-1　常见的土壤湿度传感器

2.土壤湿度传感器的特性

(1)体积设计小巧,携带方便,安装、操作及维护简单。

(2)结构设计合理,使用寿命长。

(3)外部以环氧树脂纯胶体封装,密封性好,可直接埋入土壤中使用,且不受腐蚀。

(4)对土质影响较小,适用地区广泛。

(5)测量准确度高,性能可靠,确保正常工作。

3.土壤湿度传感器的主要性能指标

(1)测量参数。土壤湿度测量参数的表示方法有多种方式,如土壤容积含水率、土壤重量含水率等。

(2)测量单位。因测量结果的表示方式不同而有所区别,如RH%、%(m^3/m^3)等。

(3)测量准确度。指测量的结果相对于被测量真值的偏离程度。

(4)分辨率。反映被测参数变化的最小量。

(5)响应时间。响应进入稳态所需要的时间长短。

(6)输出形式。土壤湿度传感器输出的信号是电压型还是电流型,如0~2 V(电压型)、4~20 mA(电流型)。

(7)工作电压。为保证土壤湿度传感器能正常工作所提供的电源电压。

某土壤湿度传感器的主要技术参数如表6-1-1所示。

表6-1-1　某土壤湿度传感器的主要技术参数

技术参数	参数值	参数含义
测量参数	土壤容积含水率	被测对象湿度的表示方式
测量单位	%(m^3/m^3)	被测对象湿度表示方式的单位

续表

技术参数	参数值	参数含义
测量准确度	±2%(m³/m³)	0～50%(m³/m³)范围内为±2%(m³/m³)
分辨率	0.1%(m³/m³)	反映被测参数变化的最小量
响应时间	<1 s	在1 s内响应进入稳态过程
输出形式	电流输出:4~20 mA	信号输出的电流值在4～20 mA之间

4.土壤湿度传感器的使用注意事项

(1)不要试图将探针插入石子或硬的土块中,以免损坏探针。

(2)将传感器移出土壤时,不能直接拽拉电缆。

(3)传感器探头插入土壤或基质时要充分,以减少测量误差。

(4)注意尽可能减小对土壤本身的扰动,提高测量准确度。

(5)使用完后,清洗传感器并擦干放置。

5.土壤湿度传感器的选型依据

(1)测量参数和测量范围。不同类型的土壤湿度传感器测量范围有一定的区别,而且测量的参数也有所不同,有的是土壤容积含水率,有的是土壤质量含水率。

(2)使用环境。使用环境影响土壤湿度传感器的工作状态,包括准确度、寿命都与使用环境有关,不同的使用环境对土壤湿度传感器的封装形式要求也不同。

(3)测量对象。有的测量对象是有腐蚀性的,在土壤湿度传感器选型时要考虑。

(4)相关技术标准。在一些特殊的应用环境中使用传感器,国家或行业对传感器有明确的技术要求,在土壤湿度传感器选用时要参考相应的技术标准规定作为选型依据。

(三)任务分工

小组成员讨论并分工,将分工明细填入表6-1-2中。

表6-1-2 任务分工表

任务内容	负责人
分析土壤湿度的测定方法	
分析土壤湿度的表示方法	
分析土壤有哪些种类	
查询一款符合要求的大气压力传感器,并完成大气压力传感器参数表	

二、操作步骤

(一)场景分析

分析土壤湿度传感器处于不同场景时的相关问题,回答表6-1-3的问题。

表6-1-3　场景分析

分析的问题	分析的结果
土壤湿度的测定方法有哪些	□重量法□电阻法□负压计法 □中子法□遥感法
土壤湿度的表示方法	□重量百分比□田间持水量百分比 □土壤水分贮存量
土壤有哪些种类	□沙土□黏土□壤土
所选土壤湿度传感器的价格范围	□50~300元□300~600元□600~1 000元

(二)查询土壤湿度传感器

根据前面分析并学习到的相关知识和经验,查询一款具体的土壤湿度传感器,回答表6-1-4的问题。

表6-1-4　土壤湿度传感器的相关参数

技术参数	参数值
型号	
厂家	
价格	
工作电压	
功耗	
输出信号接口	
量程	
精确度(误差)	
分辨率	

(三)提交任务报告

以PPT形式提交任务报告,报告内容包括:智能环境监测系统中土壤湿度传感器的主要功能、智能环境监测系统分析表、所选土壤湿度传感器图片、所选土壤湿度传感器的技术参数、小组任务分工表。

 **相关知识**

一、土壤湿度的表示方法

土壤湿度,即土壤的实际含水量,可用土壤含水量占烘干土重的百分数表示:土壤含水量=水分重/烘干土重×100%。也可以用土壤含水量与田间持水量的百分比,或相对于饱和水量的百分比等相对含水量表示。

根据土壤的相对湿度可以知道,土壤含水的程度还能保持多少水量,在灌溉上有参考价值。土壤湿度大小影响田间气候,土壤通气性和养分分解是土壤微生物活动和农作物生长发育的重要条件之一。

土壤湿度受大气、土质、植被等条件的影响。在野外判断土壤湿度通常用手来鉴别,一般分为四级:①湿,用手挤压时水能从土壤中流出;②潮,放在手上留下湿的痕迹可搓成土球或条,但无水流出;③润,放在手上有凉润感觉,用手压稍留下印痕;④干,放在手上无凉快感觉,黏土成为硬块。

农业气象上土壤湿度常采用下列方法与单位表示。

(1)质量百分数。即土壤含水量占其干土重的百分数(%)。此法应用普遍,但土壤类型不同,相同的土壤湿度其土壤水分的有效性不同,不便于在不同土壤间进行比较。

(2)田间持水量百分数。即土壤湿度占该类土壤田间持水量的百分数(%)。利于在不同土壤间进行比较,但不能给出具体水量的概念。

(3)土壤水分贮存量。指一定深度的土层中含水的绝对数量,通常以毫米为单位,便于与降水量、蒸发量比较。土壤水分贮存量W(mm)的计算公式为:$W = 0.1 \times h \times d \times w$。式中$h$是土层厚度,$d$为土壤容重(g/cm³),0.1是单位换算系数,$w$为土壤湿度(质量百分数)。

(4)土壤水势或水分势是用能量表示的土壤水分含量。其单位为大气压或J/g。为了方便使用,可取数值的普通对数,缩写符号为pF,称为土壤水的pF值。

二、土壤湿度传感器的应用

随着科技的发展,越来越多的科学技术应用到农业生产上,现代农业发生了翻天覆地的变化,科学技术对农业的贡献越来越大。我们仍是落后的农业大国,全国的很多地方仍采用传统的生产技术,这其中存在很多技术问题,比如不合理地利用资源、未达到作物生长过程中一些要求等。尤其是在各种资源日益紧缺的形式下,能够把好科技的关口,充分利用现有科技成果将对我国农业的生产与发展起到极大作用。这其中最值得我们去考虑的问题就是,如何利用现代先进技术,改进农业的灌溉技术,以最低的投资求得最高、最安全、最有效的利益需求。合理的灌溉,既可以促进植物的生长,增进农作物的产量,还可以节约日益紧缺的水资源,这正响应"建立和谐社会,提倡节约型生产"的号召。

土壤湿度传感器自动灌溉设备可依据土壤湿度状况及时地进行灌溉,既节省劳动力又节水、节能、节时,还可以提高作物的产量及质量,也不需要额外购买昂贵的土壤湿度传感器,而且该系统使用起来方便,大众都可以简单地操作。

任务评价

表6-1-5　土壤湿度传感器的选型任务评价表

评价指标	评价内容	评价标准	分值	学生自评	老师评估
知识目标	土壤湿度传感器的功能	能描述土壤湿度传感器的功能记10分	10分		
	土壤湿度的表示方法	能描述土壤湿度的主要表示方法,说对1项记5分	10分		
	土壤湿度传感器的选型依据	能描述土壤湿度传感器的选型依据记10分	10分		
技能目标	资料的查阅或搜索	能查阅或搜索到适合本任务要求的传感器记10分;能找到技术参数记10分	20分		
	土壤湿度传感器的选型	能根据系统要求正确选用土壤湿度传感器,以PPT形式呈现,记10分;内容清楚、有条理,记10分	20分		

评价指标	评价内容	评价标准	分值	学生自评	老师评估
情感目标	学习能力	能收集3款土壤湿度传感器的技术参数共记15分，1款记5分	15分		
	团队协作能力	能承担小组的分工并协助其他小组成员完成选型任务记15分	15分		

学习体会：

练一练

1.举例叙述土壤湿度传感器在我们生活中的应用。

2.土壤湿度的表示方法有哪些？

任务二　土壤湿度传感器和ZigBee模块的检测

任务目标

能正确连接检测电路；能用数字示波器或数字万用表检测土壤湿度传感器和Zig-Bee模块的工作状态，并判断其能否满足实际需要。

任务分析

本任务主要是判断土壤湿度传感器和ZigBee模块的好坏，要求用数字示波器或数字万用表观察在土壤湿度发生变化后输出信号同步发生变化的现象，以确定土壤湿度传感器的主要参数是否满足实际要求。本任务工作流程如下：

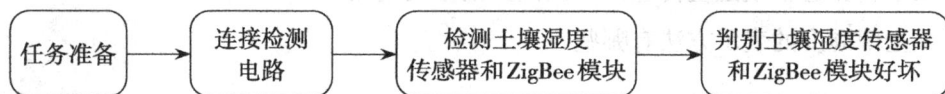

任务准备 → 连接检测电路 → 检测土壤湿度传感器和ZigBee模块 → 判别土壤湿度传感器和ZigBee模块好坏

任务实施

一、任务准备

（一）工具准备

按表6-2-1所示内容准备土壤湿度传感器和ZigBee模块检测的相关工具。

表6-2-1　土壤湿度传感器和ZigBee模块检测相关工具

序号	名称	功能
1	斜口钳	剪线、剥线头
2	螺丝刀	拆装螺丝钉
3	数字万用表	检测大气压力传感器输出电流
4	不同湿度土壤	土壤湿度传感器检测对象

(二)硬件准备

按表6-2-2所示内容准备土壤湿度传感器和ZigBee模块检测的相关硬件。

表6-2-2　土壤湿度传感器和ZigBee模块检测相关硬件

序号	名称	功能
1	土壤湿度传感器	检测土壤湿度值
2	24 V直流电源	为土壤湿度传感器提供电源电压
3	1 kΩ电阻器	代替负载
4	面包板	插装元件和连接导线
5	金属网孔板安装架	用于安装土壤湿度传感器
6	4P接线端子	连接导线
7	连接导线	用于连接土壤湿度传感器和负载等
8	ZigBee模块	用于点对点通信

(三)知识准备

1.土壤

土壤是发育于地球陆地表层,能够生长绿色植物的疏松多孔表层。

2.土壤的分类

土壤分为三大类:砂质土、黏质土、壤土三类。

(1)砂质土的性质:含沙量多,颗粒粗糙,渗水速度快,保水性能差,通气性能好。

(2)黏质土的性质:含沙量少,颗粒细腻,渗水速度慢,保水性能好,通气性能差。

(3)壤土的性质:含沙量一般,颗粒一般,渗水速度一般,保水性能一般,通风性能一般。

3.土壤湿度传感器的铭牌

同项目五任务二中大气压力传感器铭牌的介绍。某土壤湿度传感器的铭牌如图6-2-1所示。

图6-2-1　土壤湿度传感器的铭牌

该铭牌只标出了主要颜色输出线的功能。如果在购买传感器时铭牌上没有标明其他功能,可根据型号在网上查找该传感器的其他信息。

4.土壤湿度传感器使用说明书

土壤湿度传感器使用说明书是使用传感器时需要先认真阅读的资料。说明书中对传感器的功能、型号、使用环境、结构及原理、技术特性、尺寸、安装要求有详细的说明。对传感器的使用有重要的指导作用。

SM2802M 土壤水分传感器使用说明书

SM2802M 土壤水分传感器为可远距离传输的土壤水分传感器,可长期埋设于土壤和堤坝内使用,对表层和深层土壤进行墒情的定点监测和在线测量,也叫农田墒情检测仪。采用4~20 mA工业通用接口,可直接接入各种显示仪表,实现土壤水分监测。与数据采集器配合使用,可作为水分定点监测或移动测量的仪器。 土壤的各种理化性状、地形的差异作用、气候变化和人为的土壤管理措施对土壤水分状况有不同的影响,地表特征与土壤水分状况也存在着依次的相关性。SM2802M 传感器是一种高精度、高可靠性、受土壤质地影响不明显的快速土壤水分测量传感器。传感器采用世界先进的最新FDR原理制作,其性能和精度可与TDR型和FD型土壤水分传感器相媲美,并在可靠性与测量速度上具有更大的优势。

本产品可应用在以下系统:

(1)农场自动化灌溉系统;

(2)温室大棚种植土壤水分控制系统;

(3)食用菌水分控制系统;

(4)沙漠地区农业自动化滴灌系统;

(5)其他需要监测土壤水分的各种场合。

SM2802M 传感器为新一代土壤水分测量传感器,采用工业级精密核心元件,使其具有优越的准确性与长期稳定性。小巧化的体积设计,方便携带和安装。结构设计合理,不锈钢探针保证适用性和广泛性。以环氧树脂密封胶灌封,可以直接埋入土壤中使用且不受腐蚀,保证较长的使用寿命。很高的测量灵敏度和精度,采用高抗干扰设计,性能可靠稳定。4~20 mA工业通用接口,使现场测量更加灵活多变,可适应多种场合。

主要技术指标

电源:DC 12~24 V(直流电压)

测量范围:0~100% (土壤水分含量饱和值为24%)

测量精度:±3%

探针长度:<65 mm

探针直径:Φ3 mm

探针材料：不锈钢

密封材料：环氧树脂

响应时间：< 1 s

测量稳定时间：2 s

输出信号：4～20 mA

测量频率：100 MHz

测量区域：以中央探针为中心，周围直径30 mm高为70 mm区域

产品功耗：< 0.5 W

运行环境：−30～85 ℃

外形尺寸：70 mm×45 mm×18 mm(不含探针)

……

(四)任务分工

小组成员讨论并分工，将分工明细填入表6-2-3中。

表6-2-3　土壤湿度传感器和ZigBee模块的检测任务分工表

任务内容	负责人
准备砂质土、黏质土、壤土各1份	
连接设备并调节好电源	
检查设备连接是否正确	
检测土壤湿度传感器	
记录测量结果	

二、操作步骤

(一)连接设备

(1)将土壤湿度传感器接入负载，即用导线将土壤湿度传感器的信号线、负载和接地线(黑色)串联成一个闭合回路。土壤湿度传感器接入负载示意图如图6-2-2所示。

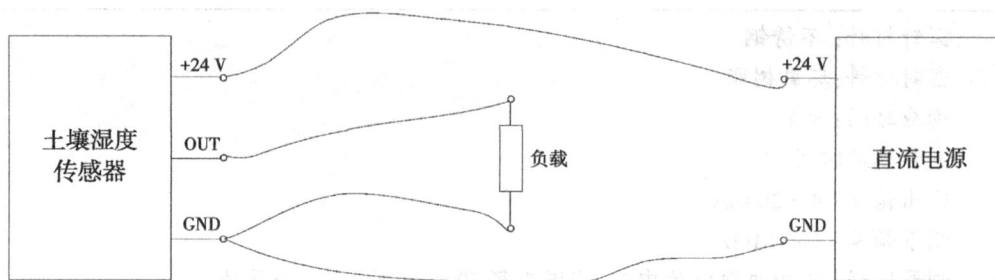

图 6-2-2　土壤湿度传感器接入负载示意图

(2)任意断开土壤湿度传感器负载回路的一根导线,将数字万用表串入电路。

在检测过程中,负载用电阻器代替。为了方便插拔导线和电阻器,借助面包板进行导线和电阻器的连接,电路连接示意图如图6-2-3所示。

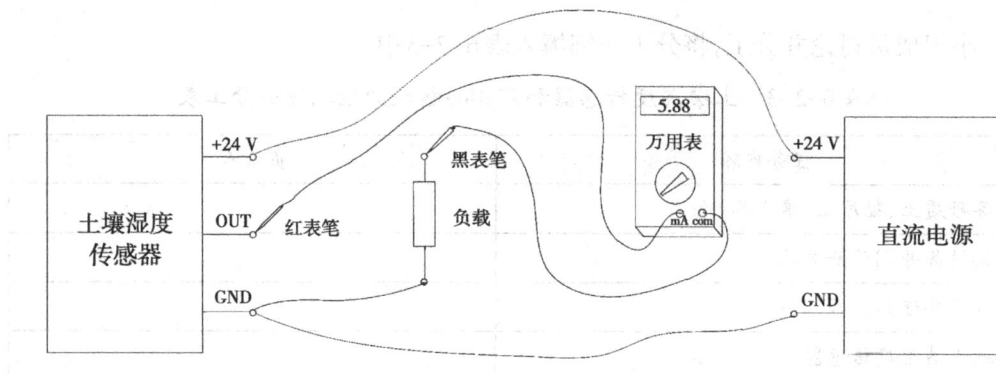

图 6-2-3　将数字万用表串联接入负载回路连接示意图

(3)将土壤湿度传感器的电源正极(黑色)和电源负极(蓝色)接入24 V直流电源中,如图6-2-4所示。检查无误后打开电源,注意电源正负极不要接反。

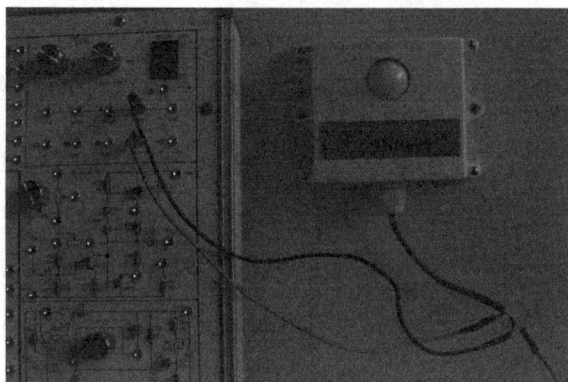

图 6-2-4　将土壤湿度传感器接入 24 V 电源

(二)检测土壤湿度传感器

(1)土壤湿度传感器未插入土壤时,读出土壤湿度传感器的输出电流并记入表6-2-4中。

(2)将土壤湿度传感器放入砂质土,尽可能多地将土壤湿度传感器的探针插入土壤中,读出土壤湿度传感器的输出电流并记入表6-2-4中。如图6-2-5所示。

图6-2-5 将土壤湿度传感器插入准备好的土壤中

(3)将土壤湿度传感器放入黏质土,尽可能多地将土壤湿度传感器的探针插入土壤中,读出土壤湿度传感器的输出电流并记入表6-2-4中。

(4)将土壤湿度传感器放入壤土,尽可能多地将土壤湿度传感器的探针插入土壤中,读出土壤湿度传感器的输出电流并记入表6-2-4中。

表6-2-4 土壤湿度传感器输出电流

测量参数 ＼ 土壤类型	无土壤	砂质土	黏质土	壤土
输出电流				

(三)检测ZigBee模块

(1)接通ZigBee模块电源。将电源适配器接入ZigBee模块,注意电源适配器不要接错,否则极易损坏ZigBee模块。

(2)观察Zigbee模块的LED指示灯。如果LED指示灯不亮,说明设备未正常工作,通过万用表测电压,检查供电电压是否正常。如果LED指示灯亮,但是一直快速闪烁,说明模块在工作,但是联网不成功,可通过设置软件检查参数重新联网。

ZigBee模块联网检测方式见本书项目七,这里不详细讲述。

相关知识

土壤湿度测量方法

土壤既是一种非均质的、多相的、分散的、颗粒化的多孔系统，又是一个由惰性固体、活性固体、溶质、气体以及水组成的多元复合系统，其物理特性非常复杂，并且空间变异性非常大，这就造成了土壤水分测量的难度。对土壤水分测量方法的深入研究，需要一系列与其相关的基础理论支持，尤其是土壤作为一种非均一性多孔吸水介，质对其含水量测量方法的研究涉及应用数学、土壤物理、介质物理、电磁场理论和微波技术等多种学科。而要实现土壤水分的快速测量又要考虑到实时性要求，这更增加了其技术难度。

土壤的特性决定了在测量土壤含水量时，必须充分考虑到土壤容重、土壤质地、土壤结构、土壤化学组成、土壤含盐量等基本物理化学特性及变化规律。

(1)重量法。取土样烘干，称量其干土重和含水重加以计算。

(2)电阻法。使用电阻式土壤湿度测定仪测定。根据土壤溶液的电导性与土壤水分含量的关系测定土壤湿度。

(3)负压计法。使用负压计测定。当未饱和土壤吸水力与器内的负压力平衡时，压力表所示的负压力即为土壤吸水力，再据以求算土壤含水量。

(4)中子法。使用中子探测器加以测定。中子源放出的快中子在土壤中的慢化能力与土壤含水量有关，借助事先标定，便可求出土壤含水量。

(5)遥感法。通过对低空或卫星红外遥感图像的判读，确定较大范围内地表的土壤湿度。

任务评价

表6-2-5 土壤湿度传感器和ZigBee模块的检测任务评价表

评价指标	评价内容	评价标准	分值	学生自评	老师评估
知识目标	土壤湿度概念	能描述土壤湿度概念记10分	10分		
	土壤的类型	土壤的类型描述1种记5分	15分		
技能目标	准备土壤	能准备3种不同类型的土壤,1种记5分	15分		
	连接设备	能连接检测电路记10分,错1处记0分	10分		
	检测土壤湿度传感器	能判别土壤湿度传感器的好坏记15分	15分		
	检测ZigBee模块	能判别ZigBee模块的好坏记15分	15分		
情感目标	学习能力	能通过各种渠道收集土壤湿度传感器资料记10分	10分		
	团队协作能力	能承担小组的分工,并协助其他小组成员完成检测任务记10分	10分		

学习体会:

练一练

1.土壤有哪些类型?

2.测量土壤湿度的方法有哪些?

任务三 土壤湿度传感器的安装与调试

任务目标

能根据现场情况将土壤湿度传感器正确地安装在监测区域;能正确连接电源和信号线;能通过计算机观察土壤湿度传感器的工作状态。

任务分析

在选定土壤湿度传感器后,根据传感器外形和接口特点安装传感器,再打开主控计算机端的传感器测试软件,观察土壤湿度发生变化后输出信号同步发生变化的现象,以确定土壤湿度传感器是否正确安装和调试。任务工作流程如下:

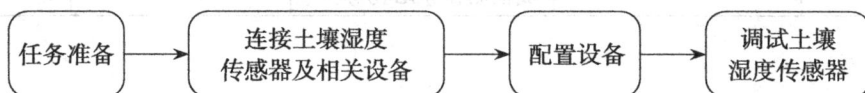

任务准备 → 连接土壤湿度传感器及相关设备 → 配置设备 → 调试土壤湿度传感器

任务实施

一、任务准备

(一)工具准备

按表6-3-1所示内容准备土壤湿度传感器安装与调试的相关工具。

表6-3-1 土壤湿度传感器安装与调试相关工具

序号	名称	功能
1	斜口钳	剪线、剥线头
2	螺丝刀	拆装螺丝钉
3	砂质土	土壤湿度传感器检测对象
4	黏质土	土壤湿度传感器检测对象
5	壤土	土壤湿度传感器检测对象

(二)硬件准备

按表6-3-2所示内容准备土壤湿度传感器安装与调试的相关硬件。

表6-3-2 土壤湿度传感器安装与调试相关硬件

序号	名称	功能
1	土壤湿度传感器	检测土壤湿度值
2	24 V直流电源	为土壤湿度传感器提供电源
3	5 V电源适配器	为ZigBee模块提供电源
4	ZigBee传感器模块	将采集模块的信号接入ZigBee网络
5	ZigBee协调器	将计算机接入ZigBee网络
6	模拟量采集模块	将土壤湿度信号转换为ZigBee模块能识别的信号
7	笔记本电脑	接收土壤湿度传感器感知的数据
8	4P接线端子	连接导线
9	连接导线	用于连接土壤湿度传感器和负载等
10	RS-232/USB连接线	将笔记本电脑与ZigBee协调器相连接

(三)软件准备

按表6-3-3所示内容准备土壤湿度传感器安装与调试的相关软件。

表6-3-3 土壤湿度传感器安装与调试相关软件

序号	名称	功能
1	串口服务器驱动程序	使笔记本电脑和串口服务器通信的特殊程序
2	CRC计算助手软件	调试串口的软件
3	RS-232/USB驱动程序	实现笔记本电脑与ZigBee之间的通信功能
4	ZigBee烧写程序	烧写ZigBee节点程序
5	ZigBee配置程序	设置ZigBee组网参数

(四)知识准备

1. ZigBee 简介

国际标准规定,ZigBee 技术是一种短距离、低功耗的无线通信技术。这一名称又叫紫蜂协议,来源于蜜蜂的八字舞,由于蜜蜂(bee)是靠飞翔和"嗡嗡"(zig)地抖动翅膀的"舞蹈"来与同伴传递花粉所在方位信息,也就是说蜜蜂依靠这样的方式构成了群体中的通信网络。其特点是近距离、低复杂度、自组织、低功耗、低数据速率。主要适合用于自动控制和远程控制领域,可以嵌入各种设备。简言之,ZigBee 就是一种便宜的、低功耗的近距离无线组网通信技术。ZigBee 协议从下到上分别为物理层(PHY)、媒体访问控制层(MAC)、传输层(TL)、网络层(NWK)、应用层(APL)等。其中物理层和媒体访问控制层遵循 IEEE 802.15.4 标准的规定。常见的 ZigBee 节点和相应的接口电路如图 6-3-1 所示。

图 6-3-1　常见的 ZigBee 节点和相应的接口电路

2. 供电电源

土壤湿度传感器的供电电源为 24 V 直流电源,ZigBee 模块的供电电源为 5 V 直流电源。

3. 设备间的连接线

烧写 ZigBee 节点程序时用 ZigBee 协调器连接主控计算机与 ZigBee 节点;配置 ZigBee 节点参数时,ZigBee 节点与主控计算机的连接用 RS-232/USB 连接线;传感器与 ZigBee 传感器节点之间直接用传感器自带的引出线。

(五)任务分工

小组成员讨论并分工,将分工明细填入表 6-3-4 中。

表6-3-4 土壤湿度传感器的安装与调试任务分工表

任务内容	负责人
准备不同种类土壤	
安装 ZigBee 烧写软件	
ZigBee 协调器程序烧写	
ZigBee 传感器节点程序烧写	
安装 RS-232/USB 驱动程序	
ZigBee 节点参数设置	
ZigBee 模块、固定板安装	
ZigBee 通信电路连接	
调试土壤湿度传感器的功能	

二、操作步骤

(一)安装ZigBee烧写软件

(1)将仿真器的一端和计算机相连接,另一端和ZigBee节点相连接。

(2)在资料包中找到文件名为"Setup_SmartRFProgr_1.10.2.exe"的烧写软件安装程序,如图6-3-2所示。

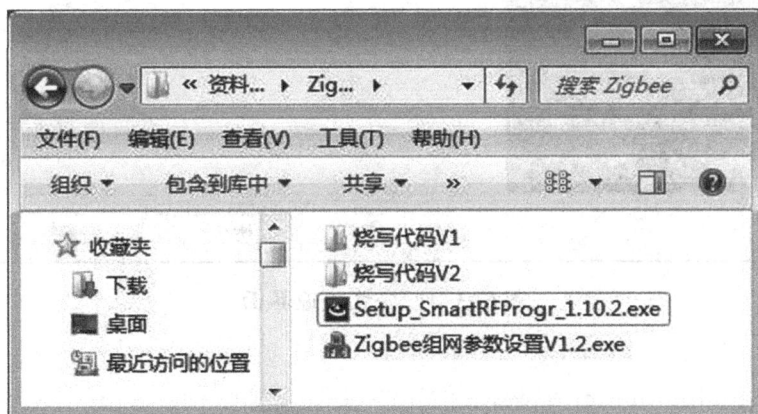

图6-3-2 在资料包中找到烧写软件安装程序

（3）鼠标双击打开烧写软件安装程序，出现界面如图6-3-3所示。

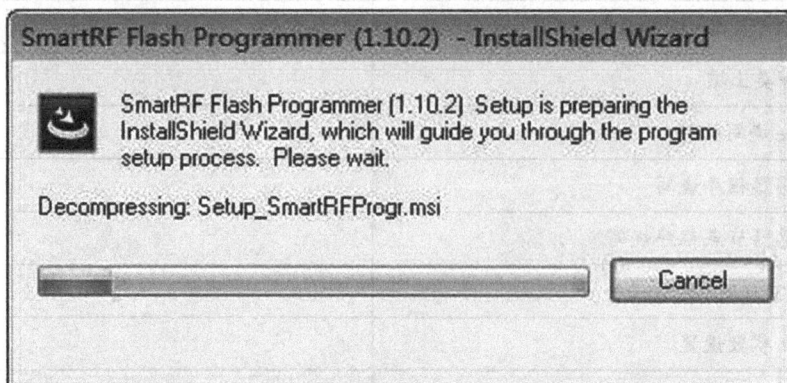

图6-3-3　双击烧写软件安装程序后的界面

（4）出现安装欢迎界面（如图6-3-4所示）后，点击【Next】按钮进入下一步。

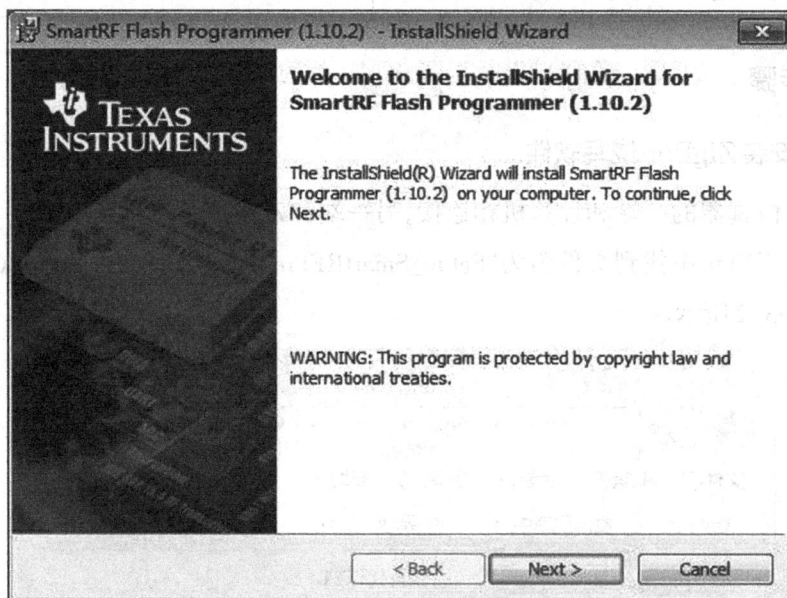

图6-3-4　安装欢迎界面

(5)如图6-3-5所示,点击【Change…】按钮改变默认安装路径,修改安装路径后,点击【Next】按钮。若不需要改变安装路径,则直接点击【Next】进入下一步。

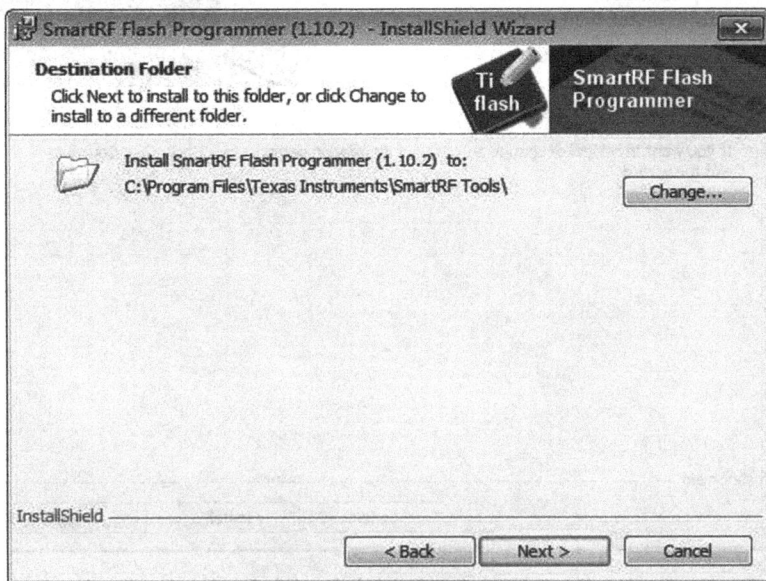

图6-3-5 选择安装目录

(6)如图6-3-6所示,在默认"Complete"安装方式下,直接点击【Next】进入下一步。

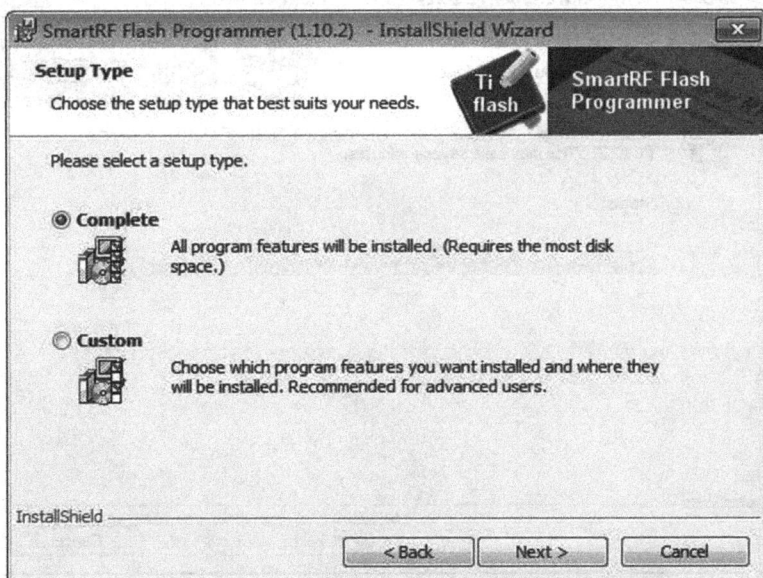

图6-3-6 选择默认安装方式进入下一步

（7）安装方式设置完成后，如图6-3-7所示，点击【Install】进行安装。

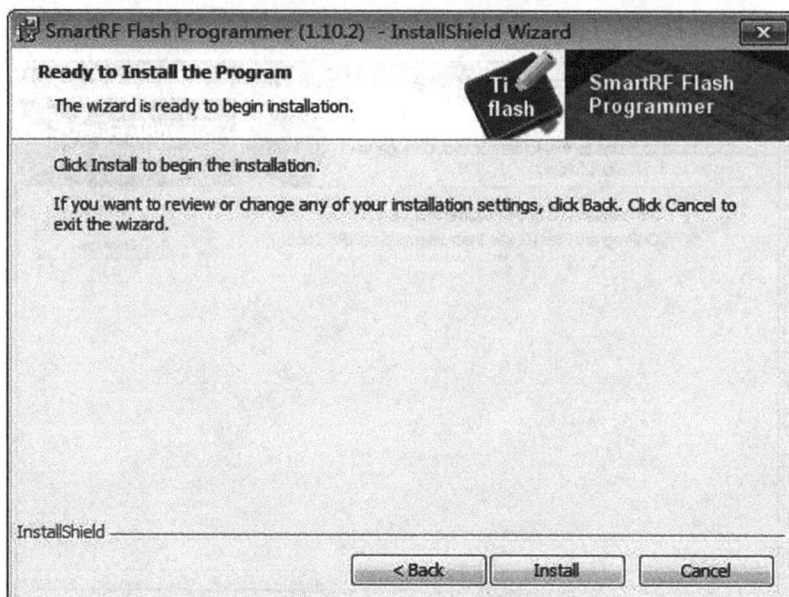

图6-3-7　软件安装提示

（8）安装进度显示完成后，点击【Finish】完成烧写软件的安装。安装过程和安装结束界面如图6-3-8和图6-3-9所示。

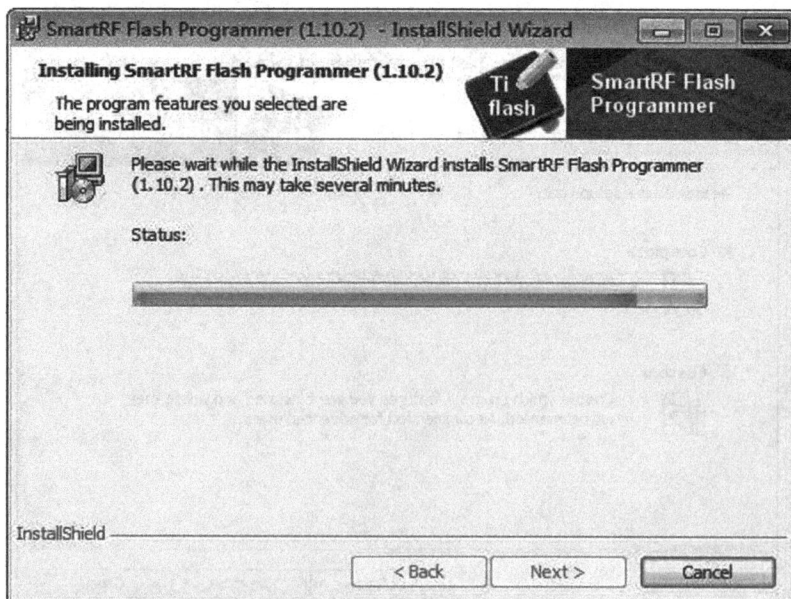

图6-3-8　烧写软件安装进度

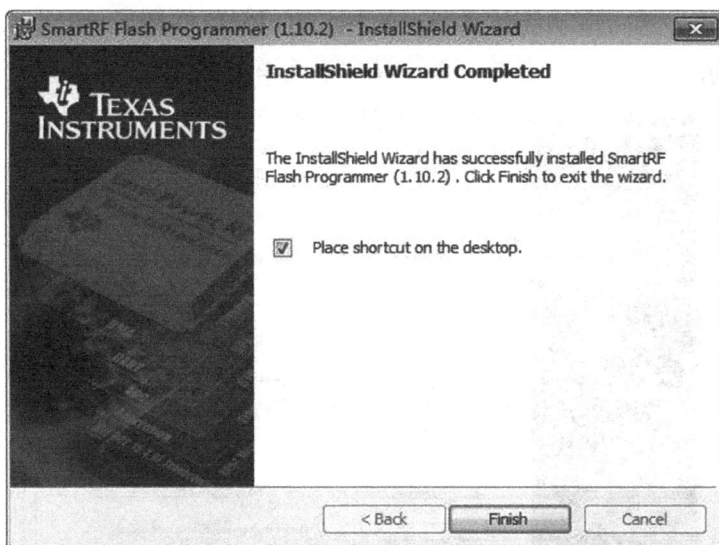

图6-3-9　烧写软件安装完成

（9）烧写软件安装完成后，计算机桌面上会出现烧写软件SmartRF Flash Programmer图标。

（二）ZigBee协调器程序烧写

（1）将ZigBee协调器接在仿真器上，用鼠标双击打开烧写软件SmartRF Flash Programmer，出现如图6-3-10所示界面。

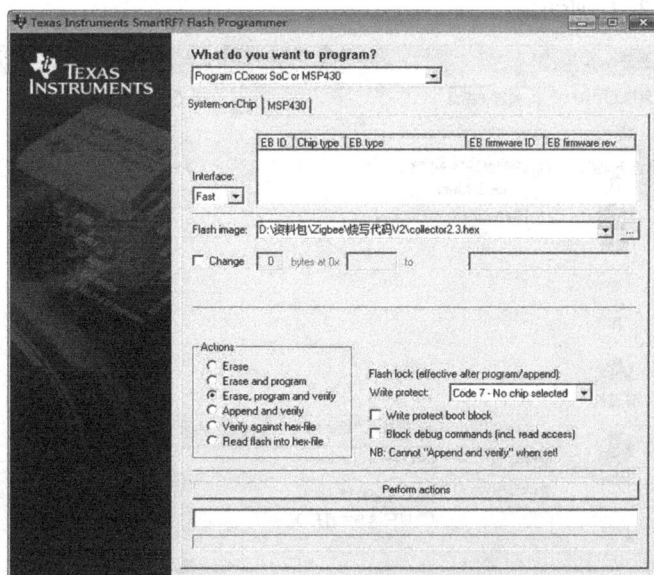

图6-3-10　SmartRF Flash Programmer打开界面

（2）按一下 ZigBee 多功能仿真器上的【RESET】复位按钮后，识别出芯片型号，如图 6-3-11 所示。

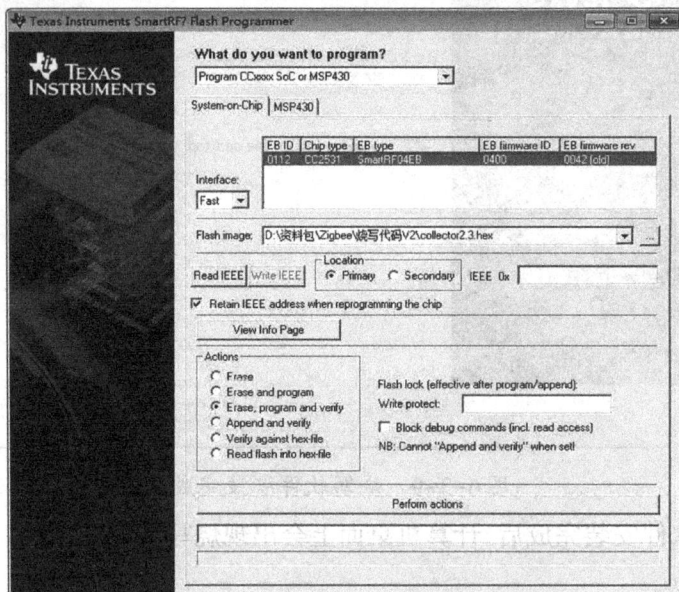

图 6-3-11　识别芯片型号

（3）此时仿真器已经和 ZigBee 模块成功连接，接下来点击图 6-3-11 界面中"Flash image"右边的【…】按钮选择需要烧写的 collector2.3.hex 文件对 ZigBee 模块进行烧写，如图 6-3-12 所示。

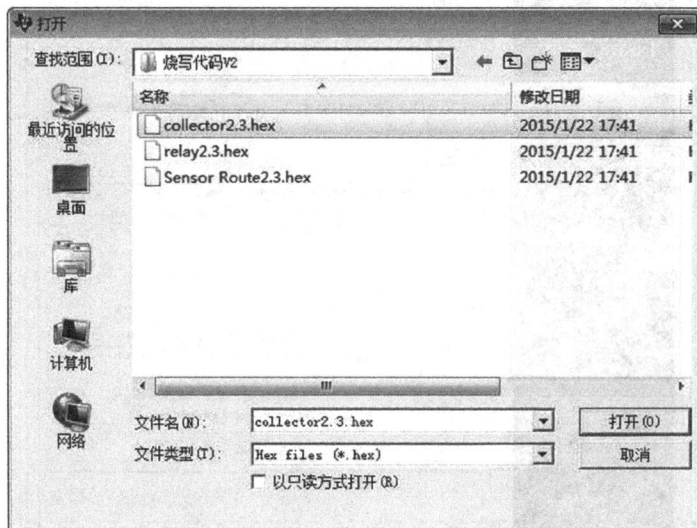

图 6-3-12　选择要烧写的 ZigBee 协调器程序

（4）选择好需要烧写的文件之后，接下来是将该文件烧写进ZigBee模块中，点击【Perform actions】按钮进行烧写，烧写完成后如图6-3-13所示。

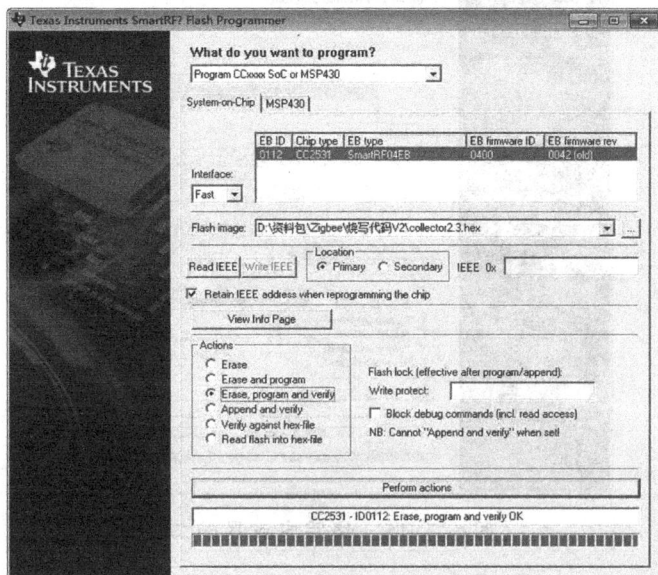

图6-3-13 烧写成功界面一

（三）ZigBee传感器节点程序烧写

（1）ZigBee协调器程序烧写成功后，取下ZigBee协调器，换上ZigBee传感器节点并接上电源，用烧写ZigBee协调器程序的方式，选择Sensor Route2.3.hex文件，如图6-3-14所示并打开。

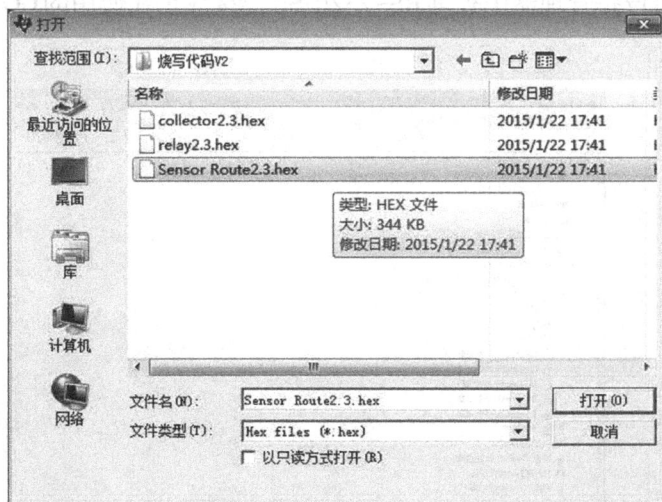

图6-3-14 选择需要烧写的ZigBee传感器节点程序

（2）点击【Perform actions】按钮进行烧写，烧写完成后的界面如图6-3-15所示。

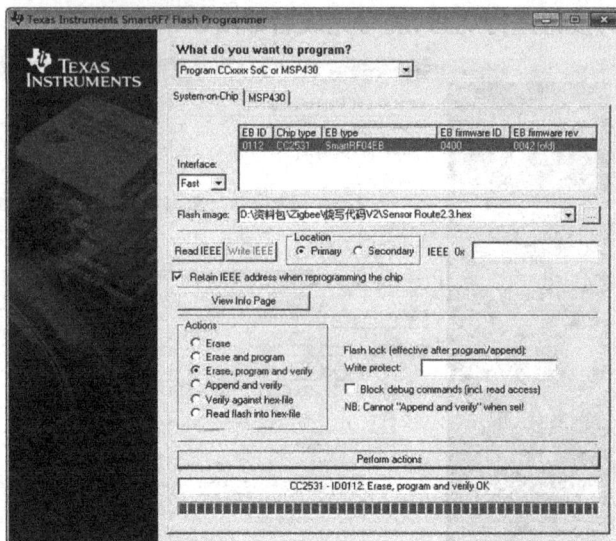

图6-3-15　烧写完成界面二

（四）安装RS-232/USB驱动程序

将RS-232/USB连接线接入电脑USB口，按照项目二中安装RS-232/USB驱动程序的方式进行安装。

（五）设置ZigBee节点参数

1.查询COM端口名

在计算机设备管理器中查询RS-232/USB连接线正在使用的COM端口名称，如图6-3-16所示。

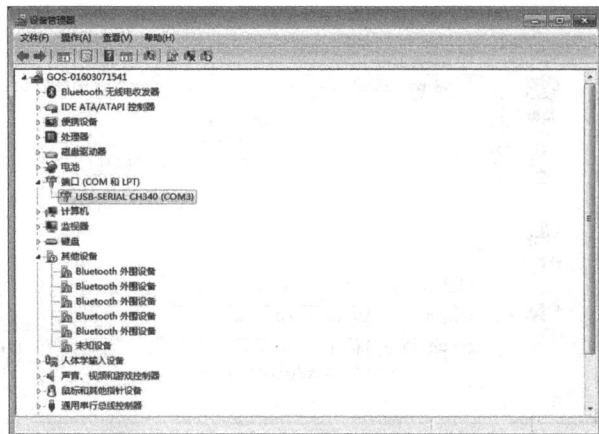

图6-3-16　在设备管理器中查询COM端口名

2. 设置ZigBee传感器模块

(1)在上一步的基础上,将ZigBee传感器与RS-232/USB连接线连接,如图6-3-17所示。

图6-3-17 ZigBee传感器与RS-232/USB连接线连接

(2)找到计算机端上的ZigBee组网参数设置软件程序,如图6-3-18所示。

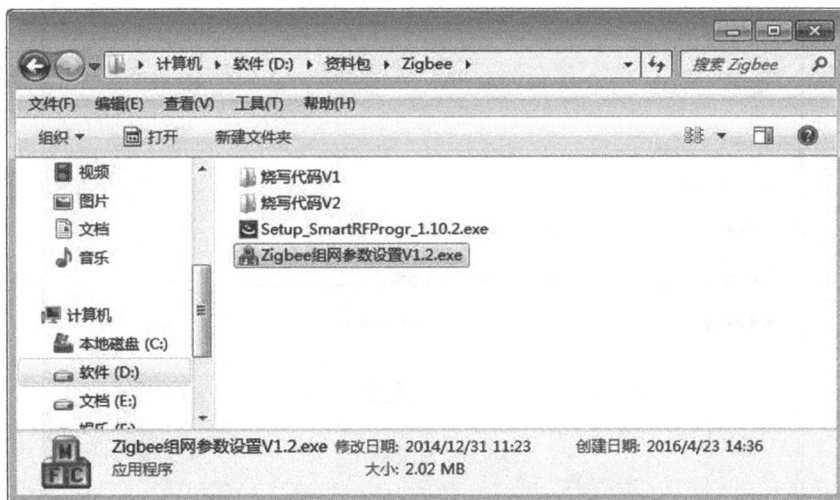

图6-3-18 ZigBee组网参数设置软件程序

(3)打开ZigBee组网参数设置软件程序,进入ZigBee参数设置界面,如图6-3-19所示。

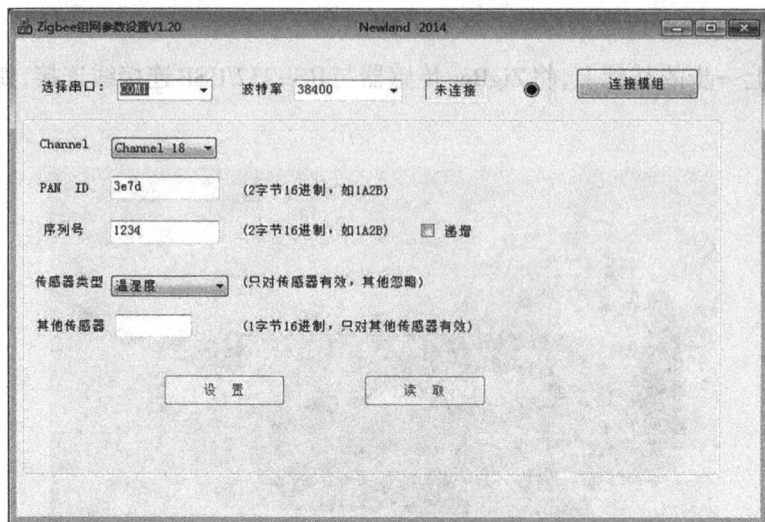

图 6-3-19　ZigBee 参数设置界面

（4）选择正确的波特率和 COM 端口后，点击图 6-3-19 界面中【连接模组】按钮。这里我们使用的 COM3 口，设定的波特率为 38 400，选择好波特率和 COM 端口并点击【连接模组】后的界面如图 6-3-20 所示。

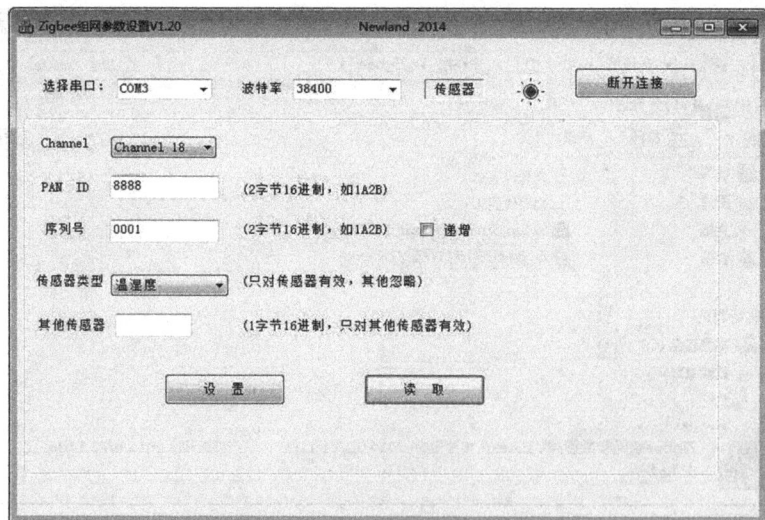

图 6-3-20　点击【连接模组】后的界面

（5）点击图 6-3-20 界面中【读取】按钮，查看当前连接到的 ZigBee 信息。在这个界面可以设置、读取和修改参数，设置好后记住 ZigBee 传感器的"PAN ID""Channel"等。各参数修改好后，点击设置成功和读取成功对话框上的【确定】按钮，如图 6-3-21 所示。

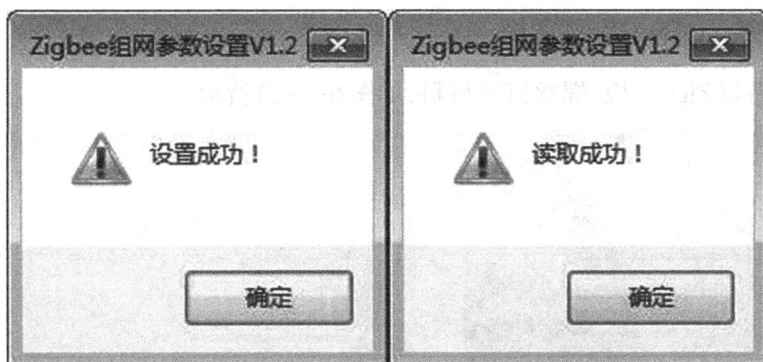

图 6-3-21　设置成功和读取成功对话框

（6）如果配置无法使用，需要重新烧写程序后，再进行重新配置。

3. 设置 ZigBee 协调器模块

（1）点击【断开连接】按钮，将 ZigBee 传感器模块换成 ZigBee 协调器模块接入与计算机连接的串口。

（2）选择正确的波特率和 COM 端口后，点击【连接模组】按钮。与 ZigBee 传感器模块的配置一样，这里同样使用的 COM3 口，设定的波特率为 38 400，点击【连接模组】并进行具体参数设置后的界面如图 6-3-22 所示。

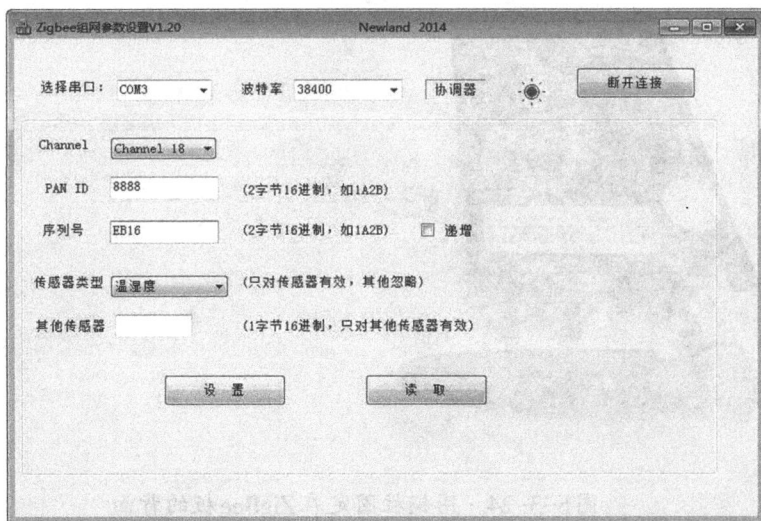

图 6-3-22　完成参数设置点击【连接模组】后界面

（3）如果配置无法使用，需要重新烧写程序后，再进行重新配置。这里需要注意的是配置 ZigBee 参数时必须把传感器和协调器的"PAN ID"和"Channel"设置成同样的参数，序列号设置成网络中唯一编号组成的一个网络才可以进行正常通信。

(六)安装ZigBee板、固定板

(1)准备好ZigBee板、螺丝钉等材料,如图6-3-23所示。

图6-3-23　ZigBee板、螺丝钉等材料

(2)用铜柱固定在ZigBee板的背面,如图6-3-24所示。

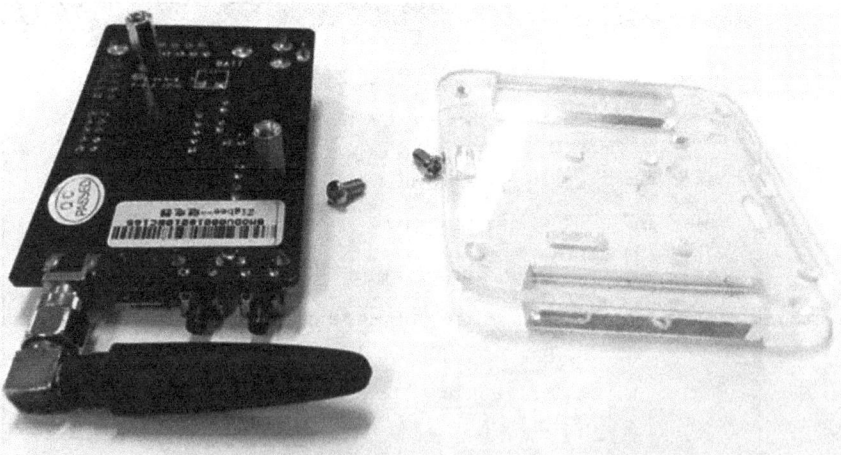

图6-3-24　用铜柱固定在ZigBee板的背面

（3）把ZigBee板固定在透明板上，如图6-3-25所示。

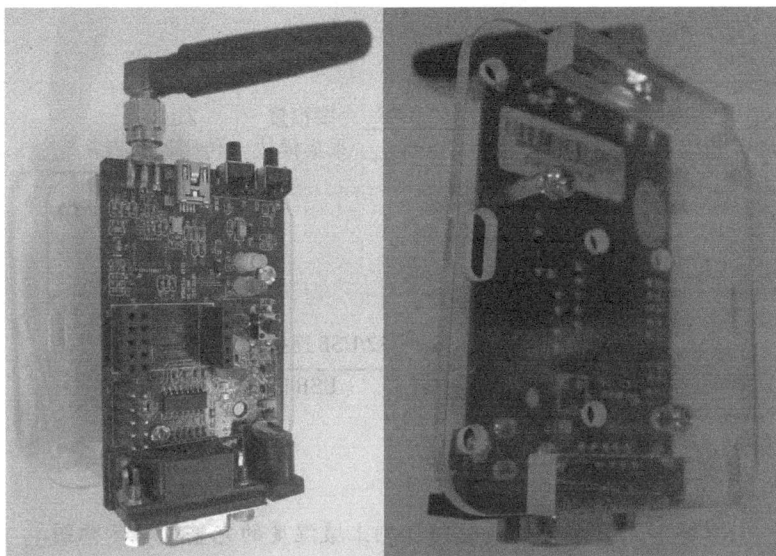

图6-3-25 把ZigBee板固定在透明板上

（4）将ZigBee节点固定在调试工位上。

(七)将ZigBee模块接入土壤湿度传感器和模拟量采集模块

（1）将传感器与模拟量采集模块连接起来。

（2）将模拟量采集模块安装在ZigBee传感器节点上，如图6-3-26所示。

图6-3-26 将模拟量采集模块安装在ZigBee传感器节点上

（3）将ZigBee协调器节点与主控计算机连接。用ZigBee通信监测土壤湿度的完整电路示意图如图6-3-27所示。

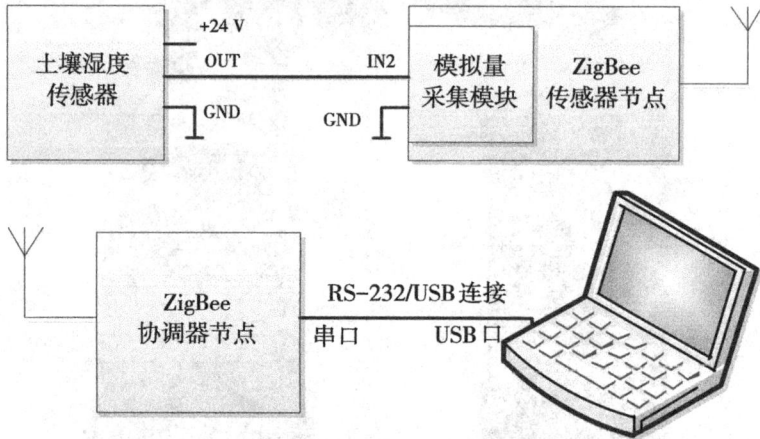

图6-3-27　用ZigBee通信监测土壤湿度的完整电路示意图

（八）调试土壤湿度传感器的功能

（1）运行资料包中的CRC计算助手软件，在出现的窗口中选择对应的串口、波特率等，再点击【打开串口】，会在下方的窗口中不断出现计算机接收到的来自土壤湿度传感器的信号，如图6-3-28和图6-3-29所示。

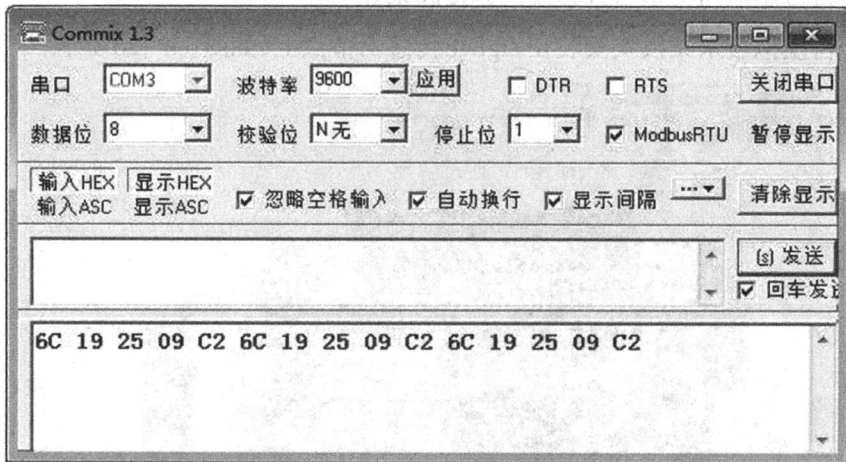

图6-3-28　连续接收到来自土壤湿度传感器信息时的界面一

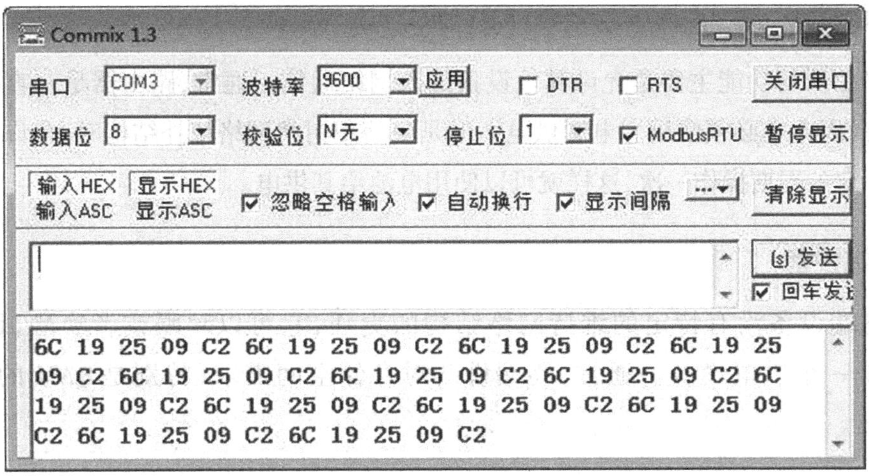

图6-3-29　连续接收到来自土壤湿度传感器信息时的界面二

（2）将土壤湿度传感器插入不同湿度和类型的土壤中,观察窗口下方输出信息是否随土壤湿度的变化而变化。

（3）分析被测土壤改变过程中土壤湿度传感器输出的变化。如果土壤湿度传感器插入不同类型的土壤中计算机上显示的信息随着土壤种类的改变而改变了,说明计算机能够正常反映土壤湿度的变化,否则,需要检查电路是否连接正确、设备是否损坏、ZigBee程序是否烧写成功等,直至计算机能正常反映土壤湿度的变化。

相关知识

在 ZigBee 网络中存在三种逻辑设备类型：协调器(Coordinator)、路由器(Router)和终端设备(End-Device)。ZigBee 网络由一个协调器以及多个路由器和多个终端设备组成。

一、协调器

协调器负责启动整个网络,它也是网络的第一个设备。协调器选择一个通信的通道和一个网络 ID(也称之为 PAN ID,即 Personal Area Network ID),随后启动整个网络。协调器也可以用来协助建立网络中安全层和应用层的绑定(bindings)。 注意,协调器的角色主要涉及网络的启动和配置。一旦这些都完成后,协调器的工作就像一个路由器。由于 ZigBee 网络本身的分布特性,因此接下来整个网络的操作就不再依赖协调器。

二、路由器

路由器的功能主要是允许其他设备加入网络通信。通常,路由器是一直处于活动状态,因此它必须使用主电源供电。但是当使用树状网络拓扑结构时,允许路由器间隔一定的周期操作一次,这样就可以使用电池给其供电。

三、终端设备

终端设备没有特定的维持网络结构的责任,它可以睡眠或者唤醒,因此它可以是一个供电设备。通常,终端设备对存储空间需求(特别是 RAM 的需求)比较小。

任务评价

表6-3-5 土壤湿度传感器的安装与调试任务评价表

评价指标	评价内容	评价标准	分值	学生自评	老师评估
知识目标	ZigBee技术	能描述 ZigBee 技术的应用记5分	5分		
	ZigBee设备	能描述 ZigBee 设备的功能记5分	5分		
技能目标	土壤湿度传感器调试电路的连接	能连接各调试设备记15分,错1处不得分	15分		
	安装烧写软件	能按要求正确安装 ZigBee烧写软件记10分	10分		
	烧写程序	能按要求正确烧写 ZigBee程序记10分	10分		
	配置组网参数	配置 ZigBee 组网参数后能正常通信记15分	15分		
	校验码分析	能正确分析 CRC 校验码记10分	10分		
	采集数据	能采集土壤湿度传感器测量的数据记10分	10分		

续表

评价指标	评价内容	评价标准	分值	学生自评	老师评估
情感目标	学习能力	能通过各种渠道收集本任务相关设备的资料记10分	10分		
	团队协作能力	能承担小组的分工，并协助其他小组成员完成安装与调试任务记10分	10分		

学习体会：

练一练

1.什么是ZigBee技术？

2.ZigBee设备有哪些类型？其作用是什么？

3. 收集两款土壤湿度传感器说明书,并简述其主要性能指标。

　　智能环境监控系统中,无线传感网技术已经应用十分广泛,要求采集各种传感器的值如温度、湿度、光照、土壤水分、人体红外等。实现植物生长环境智能控制对现代化农业大棚精细管理至关重要。

　　本项目要求为智能农业大棚组建基于 ZigBee 技术的无线传感网,正确地安装和调试,实现传感器数据的无线采集。

目标类型	目标要求
知识目标	(1)理解 ZigBee 无线传感网拓扑结构和工作原理 (2)理解 ZigBee 网络主要特性和参数 (3)掌握 ZigBee 无线传感网的检测方法
技能目标	(1)能正确配置 ZigBee 模块的参数 (2)能检测 ZigBee 模块的工作状态 (3)能正确安装相关设备 (4)能正确配置相关设备 (5)能排除一般系统故障
情感目标	(1)培养安全意识 (2)培养团队合作意识 (3)培养信息收集能力 (4)培养规范操作意识

任务一　ZigBee无线传感网硬件设备选用

任务目标

能描述ZigBee无线传感网的拓扑结构；掌握ZigBee无线传感网的工作原理；理解ZigBee网络主要特性和技术参数；能理解无线传感网在智能环境监控系统中的作用；能根据系统要求正确选用各种设备。

任务分析

通过引导学生理解智能环境监控系统结构和ZigBee无线传感网的拓扑结构，绘制出智能环境监控系统结构图和ZigBee无线传感网的拓扑结构图，然后熟悉和理解相关设备的功能和特点，根据系统所需选定硬件设备。任务流程如下：

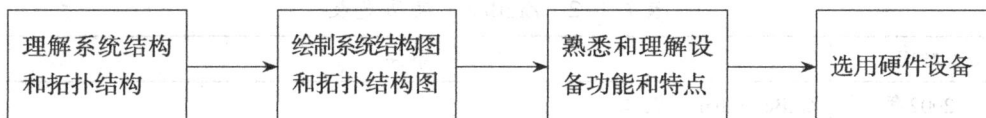

理解系统结构和拓扑结构　→　绘制系统结构图和拓扑结构图　→　熟悉和理解设备功能和特点　→　选用硬件设备

任务实施

一、任务准备

（一）硬件准备

根据表7-1-1所示准备ZigBee无线传感网硬件设备选用任务所需硬件。

表7-1-1　任务硬件准备表

序号	名称	功能
1	台式计算机	运行绘图软件

(二)软件准备

Microsoft Office Visio 2010绘图软件。

(三)知识准备

1. 无线传感网的概述

无线传感网（Wireless Sensor Networks，WSN）是受国际关注的、多学科高度交叉、知识高度集成的前沿热点研究领域。它综合了传感器、嵌入式计算、现代网络及无线通信和分布式信息处理等技术，能够通过各类集成化的微型传感器协同完成对各种环境或监测对象信息的实时监测、感知和采集，这些信息通过无线方式被发送，并以多跳自组织网络方式传送到用户终端，从而实现物理世界、计算世界以及人类社会这三元世界的连通。（详细介绍见项目一任务二的"相关知识"。）

2. ZigBee无线传感网的特点

（1）ZigBee技术概述。

ZigBee技术可工作在2.4 GHz（全球流行）、868 MHz（欧洲流行）和915 MHz（美国流行）3个频段上，分别具有最高250 kbit/s、20 kbit/s和40 kbit/s的传输速率，它的传输距离在10~75 m的范围内，但可以继续增加。（详细介绍见项目六任务三"知识准备"。）

（2）ZigBee的发展历史。（见表7-1-2）

表7-1-2　ZigBee发展历史表

时间	事件
2002年	ZigBee Alliance 成立
2004年	ZigBee V1.0诞生。它是ZigBee的第一个规范，但由于推出仓促，存在一些错误
2006年	推出 ZigBee 2006，比较完善
2007年底	ZigBee PRO推出

（3）ZigBee技术特点。

①低功耗。

由于ZigBee的传输速率低，发射功率仅为1 mW，而且采用了休眠模式，功耗低，因此ZigBee设备非常省电。据估算，ZigBee设备仅靠两节5号电池就可以维持长达6个月到2年的使用时间。

②低成本。

由于ZigBee模块的复杂度不高，ZigBee协议免专利费，再加之使用的频段无需付费，所以它的成本较低。大幅简化协议（不到蓝牙的1/10），降低了对通信控制器的要求,按预测分析,以"8051"8位微控制器测算,全功能的主节点需要32 kb代码,子功能节点少至4 kb代码,而且ZigBee免协议专利费。

③时延短。

通信时延和从休眠状态激活的时延都非常短,典型的搜索设备时延30 ms,休眠激活的时延是15 ms,活动设备信道接入的时延为15 ms。相比较,蓝牙需要3~10 s、Wi-Fi需要3 s。这种毫秒级的时延,在实时性要求不太高的网络中是非常高效的,在有一定时延要求的网络中也是佼佼者。

④网络容量大。

一个星型结构的ZigBee网络最多可以容纳254个从设备和一个主设备。一个区域内可以同时存在最多100个ZigBee网络,而且网络组成灵活。网状结构的ZigBee网络中可有65 000多个节点。

⑤可靠。

采取了碰撞避免策略,同时为需要固定带宽的通信业务预留了专用时隙,避开了发送数据的竞争和冲突。MAC层采用了完全确认的数据传输模式,每个发送的数据包都必须等待接收方的确认信息。如果传输过程中出现问题可进行重发。

⑥安全。

ZigBee提供了基于循环冗余校验的数据包完整性检查功能,支持鉴权和认证。

ZigBee提供了三级安全模式,包括无安全设定、使用接入控制清单(ACL)防止非法获取数据以及采用高级加密标准(AES 128)的对称密码,以灵活确定其安全属性。

⑦免执照频段。

采用直接序列扩频在工业科学医疗(ISM)频段,2.4 GHz(全球)、915 MHz(美国)和868 MHz(欧洲)。

⑧传输距离灵活。

传输范围一般介于10~100 m之间,在增加RF发射功率后,亦可增加到1~3 km。这里传输距离指的是相邻节点间的距离。如果通过路由器和节点间通信的接力,传输距离可以更远。

⑨ZigBee设备类型。

详细介绍见项目六任务三中"相关知识"。ZigBee全功能设备和简化功能设备特点比较如表7-1-3。

表7-1-3　ZigBee全功能设备和简化功能设备对比表

设备类型	拓扑类型	是否成为协调器	通话对象
全功能设备	星型、树状、网状	可以	可与任何ZigBee设备通话
简化功能设备	星型	不可以	可与协调器、路由器通话,不能与终端设备通话

（4）ZigBee无线传感网的拓扑结构。

ZigBee支持三种自组织无线网络类型,即星型、网状和树状拓扑结构,特别是网状结构,具有很强的网络健壮性和系统可靠性。ZigBee的几种网络结构如图7-1-1和图7-1-2所示。

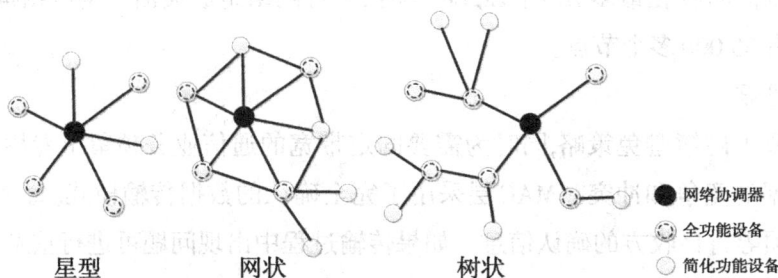

图7-1-1　ZigBee无线传感网的拓扑结构示意图

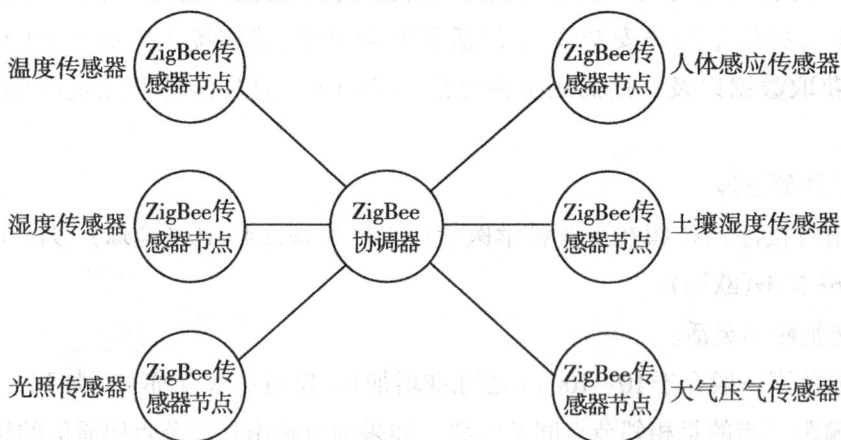

图7-1-2　ZigBee无线传感网的星型拓扑结构

（5）ZigBee技术采用的自组织网通信方式。

ZigBee技术所采用的自组织网是怎么回事呢？举一个简单的例子就可以说明这个问题,当一队伞兵空降后,每人持有一个ZigBee网络模块终端,降落到地面后,只要他们彼此在网络模块的通信范围内,通过自动寻找,很快就可以形成一个互联互通的ZigBee网络。而且,由于人员的移动,彼此的联络还会发生变化。因而,模块还可以通过重新寻找通信对象,确定联络,对原有网络进行刷新。这就是自组织网。

3. 智能环境监控系统简要介绍

(1)智能环境监控系统的功能。

智能环境监控系统,是环境数据自动采集以及根据采集数据实现智能控制的物联网应用系统。常见环境数据,如:温度、湿度、光照、风速、二氧化碳、大气压力、空气质量、水温、水深、土壤水分、土壤温度等,都能被智能环境监控系统采集和处理。智能环境监控系统结构如图7-1-3和图7-1-4所示。

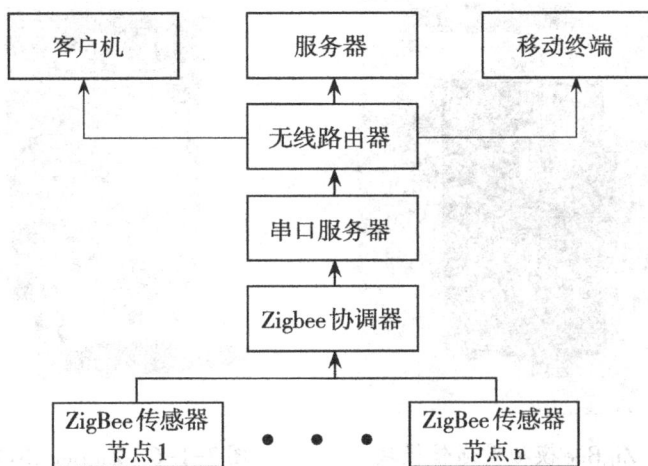

图7-1-3 智能环境监控系统结构示意图

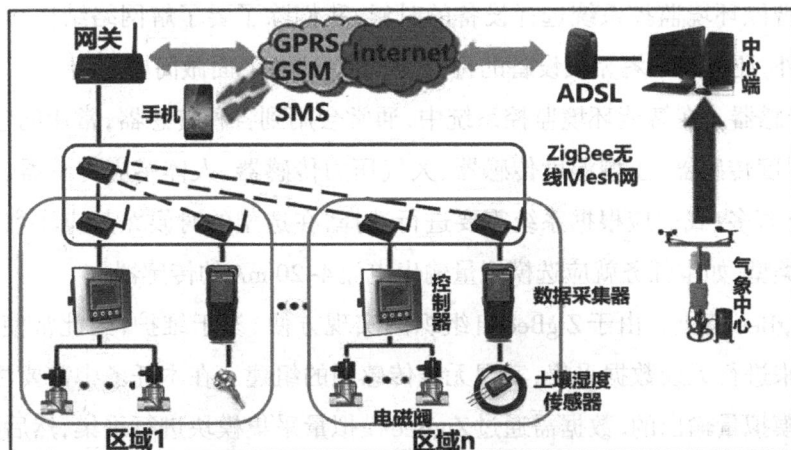

图7-1-4 智能环境监控系统结构

（2）基于ZigBee技术的无线传感网在智能环境监控系统中的应用。

随着无线通信技术的发展,ZigBee技术的不断成熟,ZigBee无线传感网得到广泛的应用。在智能环境监控系统中,ZigBee无线传感网的应用使得系统安装更加的简单,且易维护,可大大减少成本。

（3）智能环境监控系统中无线传感网的主要设备包括:传感器（如温湿度传感器、光照传感器、风速传感器、二氧化碳传感器、大气压力传感器、空气质量传感器、水温传感器、液位变送器、土壤水分温度传感器等）、ZigBee模拟量通信模块（图7-1-5）和ZigBee协调器（图7-1-6）。

7-1-5 ZigBee模拟量通信模块   图7-1-6 ZigBee协调器

4. 智能环境监控系统相关设备的特点

在为智能环境监控系统选择设备的时候,我们除了要了解网络结构和网络特点等知识以外,还需要了解相关设备的特点和技术参数,下面做简要介绍。

（1）传感器。在智能环境监控系统中,通常会用到各种传感器,常用的包括:温度传感器、湿度传感器、土壤湿度传感器、大气压力传感器、人体感应传感器、光照传感器等,种类繁多,我们应根据系统需要进行选择,在选型的时候尤其应注意传感器的输出信号类型,如本任务就应选模拟量输出电流4~20 mA的传感器。

（2）ZigBee模块。由于ZigBee自组织网实现方便、易于维护,因此常使用ZigBee通信方式来进行无线数据采集,实现无线传感网的组建。在本任务中需要注意,由于传感器是模拟量输出的,数据需通过ZigBee模拟量采集模块进行采集,然后再以无线方式接入系统。

（3）串口服务器。串口服务器是物联网中的常用设备，可以扩展多个串口，且易接入网络，方便系统实现远程数据采集传输。通过ZigBee协调器和串口服务器的连接，可以方便地实现无线传感网的数据采集。

（4）路由器。是组建局域网的常用设备，为智能环境监控系统的信息传输提供可靠网络保障。

（5）服务器。其作用是为智能环境监控系统提供Web服务和数据库服务。

（6）客户端。为智能环境监控系统提供数据显示和控制的用户界面，便于人机交互。

（四）任务分工

完成表7-1-4。

表7-1-4 任务分工表

任务内容	负责人
使用Visio绘制智能环境监控系统拓扑图	
使用Visio绘制ZigBee无线传感网拓扑图	
上网查询传感器的技术参数，并选择合适的传感器	
查询ZigBee模块的技术参数，并选择合适的ZigBee模块	

二、操作步骤

（一）任务场景分析

智能环境监控系统为一个典型的物联网应用系统，按照物联网三层结构可知，在此系统中，感知层包括各种传感器和ZigBee通信模块，传输层包括路由器、串口服务器，应用层包括服务器、客户机和移动终端。

1. 理解物联网结构，绘制拓扑图

（1）打开Visio软件，新建基本框图，点击矩形工具，如图7-1-7所示。

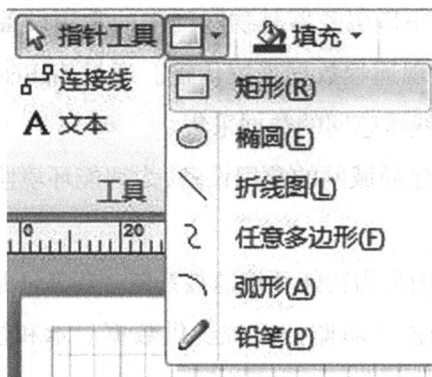

图7-1-7　Visio绘图工具选择

（2）在绘制区域画出各几个矩形，添加文本，拖动到合适位置，如图7-1-3所示。

（3）绘制连线，完成拓扑结构图绘制，参照图7-1-3。

2.查找资料

按任务要求查找资料，选定符合要求的感知层设备。

（1）传感器参数要求：24 V直流供电电源，模拟信号输出，输出4~20 mA电流。传感器选型详细方法请参考前面各项目任务。

（2）串口服务器参数要求：支持4路串口输入、输出，支持RS-232和RS-485接口。详细选型方法请参考前面的项目任务。

（3）ZigBee无线通信模块参数：可实现模拟信号采集功能，能够采集4~20 mA电流信号，支持ZigBee 2007 PRO协议规范。

（二）分析ZigBee模块参数

根据以上分析，查找相关资料，完成表7-1-5。

表7-1-5　ZigBee模块参数分析表

技术参数	参数值
ZigBee模块采用的芯片型号	□CC2430 □CC2530 □CC2531
开发工具	□编译工具 IAR Embedded Workbench □下载工具
ZigBee模块传输距离	□10~100 m □1~3 km

续表

技术参数	参数值
是否支持 ZigBee 2007 PRO 协议规范	☐是 ☐否
ZigBee 模块采用的通信频率	☐2.4 GHz ☐868 MHz ☐915 MHz

(三)提交任务报告

制作PPT,分组阐述硬件的选用过程和选定原因。

相关知识

一、物联网层次结构

物联网作为一个系统网络,与其他网络一样,也有其内部特有的架构。一般认为,物联网系统有三层,图7-1-8为物联网系统分层结构。

图7-1-8 物联网系统分层结构

(一)感知层

感知层感知信息,即利用射频识别技术、传感器、二维码等随时随地获取物体的信息。

作为物联网的核心,承担感知信息作用的传感器,一直是工业领域和信息技术领域发展的重点。传感器不仅感知信号、标识物体,还具有处理控制功能。

目前,在发达国家,其发展已芯片化、集成化和智能化。如最早提出泛在网的加州大学(伯克利分校),已将压力、磁、光等传感单元集成在一个芯片中,而且芯片具备无线接入和自组织网功能。

然而,传感器国产化程度较低,其成本、性能和寿命尚不能满足交通运输物联网信息感知的需求。据了解,交通运输部正在和其他部门合作,研制满足交通需求、具有自主知识产权的传感器,对市场将产生影响。

(二)网络层

网络层传输信息,通过各种电信网络与互联网的融合,将物体的信息实时准确地传递出去,如图7-1-9。

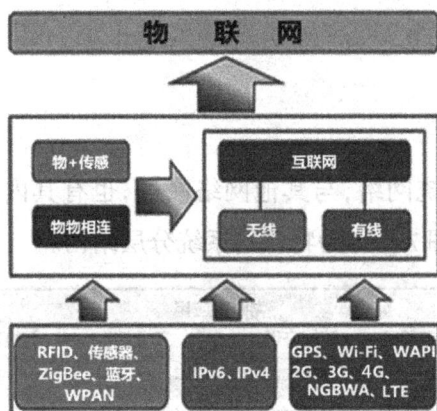

7-1-9 网络融合方式

传感器感知到基础设施和物品信息后,需要通过网络传输到后台进行处理。

目前,传输信息时应用的网络先进技术包括第6版互联网协议(IPv6)、新型无线通信网(4G、ZigBee等)、自组织网技术等,正在向更快的传输速度、更宽的传输带宽、更高的频谱利用率、更智能化的接入和网络管理发展。

据专家介绍,我国在道路建设中,沿路铺设了大量光纤,但利用程度不高。物联网采集到的海量数据,可以使这些道路光纤物尽其用。

(三)应用层

应用层处理信息,把感知层得到的信息进行处理,实现智能化识别、定位、跟踪、监控和管理等实际应用。

物联网概念下的信息处理技术有分布式协同处理、云计算、群集智能等。物联网关键技术较多,包括IPv6、短距离无线通信、传感器、二维码、RFID、云计算、云存储、云服务等,如图7-1-10所示。

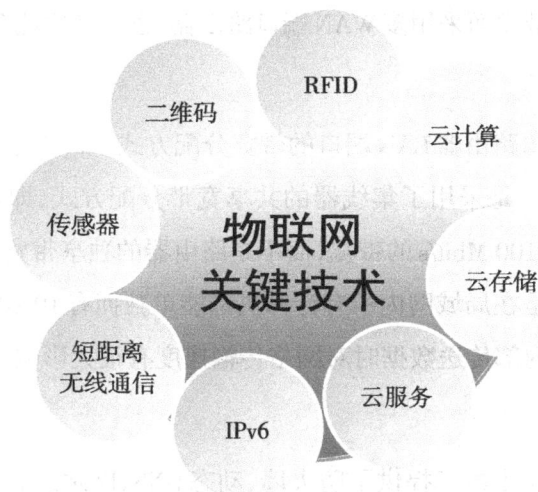

图 7-1-10 物联网关键技术

二、家用无线路由器的选购

随着宽带网络的逐步普及,宽带路由器已经得到越来越广泛的应用。路由器产品也是种类繁多,使大多数想要购买路由器但又缺乏基本知识的消费者无从选择。下面对宽带路由器的主要性能指标进行简单介绍,希望对大家选择宽带路由器有所帮助。

(一)使用方便

在购买路由器时一定要注意路由器相关说明或在商家处询问清楚是否提供Web界面管理,否则对于家庭用户来说可能存在配置或维护方面的困难。现在许多路由器维护界面已经是全中文,更加人性化,让操作变得更简单。

(二)LAN端口数量

LAN端口即局域网端口,由于家庭电脑数量不可能有太多,所以局域网端口数量只要能够满足需求即可,过多的局域网端口对于家庭来说只是一种浪费,而且会增加不必要的开支。

(三)WAN端口数量

WAN端口即宽带网端口,它是用来与互联网连接的广域网接口。通常在家庭宽带网络中WAN端口都接入小区宽带LAN端口或是ADSL Modem等。而一般家庭宽带用户对网络要求并不是很高,所以,路由器的WAN端口一般只需要一个就够了,不必要为了过分追求网络带宽而采用多WAN端口路由器，也不必要花多余的钱。

(四)带宽分配方式

需要了解所购买的路由器LAN端口的带宽分配方式。市面上有些生产厂商所生产的家用路由器实际上是采用了集线器的共享宽带分配方式，即在局域网内部所有计算机共同分享这10/100 Mbit/s的带宽，而不是路由器的独享带宽分配方式。路由器的独享带宽分配方式是在局域网内所有计算机都能单独拥有10/100 Mbit/s的带宽，因此前种产品在局域网内部传送数据时对网络传输速度有很大影响。

(五)功能适用

市面上很多宽带路由器都提供了防火墙、动态DNS、网站过滤、DMZ、网络打印机等功能。在这之中，有的功能对于家庭宽带用户来说比较实用，如防火墙、网站过滤、DHCP、虚拟拨号功能等。但有些功能对于一般家庭宽带用户来说却是几乎用不上，比如DMZ、VPN、网络打印机功能等。所以在选购家用路由器的时候我们会考虑有没有必要为一些几乎用不上的功能买单。

(六)品牌可靠性

作为知名品牌的路由器，其质量和信誉肯定是被公认的。为了让自己买得放心，用起来更省心，所以建议还是选择一些品牌有保证，并且性价比较高的经济适用型产品。

(七)参考标准

(1)注意无线路由器的接口配置。市场上最常见的无线路由器产品为四个LAN端口加上一个WAN端口的配置。如果室内有线主机不超过LAN端口，这样的配置足以满足用户使用，如果需要更多的LAN端口与WAN端口，则需更换产品。因此，用户在选购无线路由器时，应该首先注意产品的LAN端口与WAN端口配置。

(2)注意无线路由器的无线速率。因为无线路由器的速率可以从数十兆到数百兆不等。而一般来说，速率越快无线路由器的性能越好，但它的费用也会相应增加。同时，家用无线路由器的速率在300 M左右就能完全满足用户需求。如果速率要求过高，而自己的无线网卡速率配置跟不上，则完全没有必要购买。

(3)注意无线路由器的有线速率。绝大多数电子产品的网卡都能集成上千兆的网卡,而宽带路由器的交换机芯片却只能支持上百兆的带宽。因此,连接在同一路由器的局域网里,要传送大数据,影响速率的是路由器本身的速率。

(4)注意无线信号的质量。无线路由器的无线信号质量也是衡量其性能的重要指标,信号质量好,就不会产生大幅衰减、经常性中断、信号连接不稳定的现象。这可以从无线路由器的天线数目上判断,如果能分析它的无线芯片构造更佳。

(5)注意无线路由器的USB需求。市场上带上USB接口的无线路由器都支持3G/4G网络,高端的路由器产品还可以支持离线下载。如果用户需要选购这类路由器,可以带上自己的3G/4G无线上网卡,连入无线路由器的USB接口测试它是否能用。同时,如果USB需要连接硬盘,还需要对USB接口的供电大小做出判断。

任务评价

表7-1-5　ZigBee无线传感网硬件设备选用任务评价表

评价指标	评价内容	评价标准	分值	学生自评	老师评估
知识目标	ZigBee传感网的拓扑结构	能描述ZigBee协调器、路由器、终端设备的功能记10分	10分		
	无线传感网的工作原理	能描述无线传感网的工作原理记10分	10分		
	ZigBee网络主要特性和技术参数	能描述ZigBee网络主要特性记5分;能描述ZigBee网络主要技术参数记5分	10分		
技能目标	网络资料的搜索	能利用网络搜ZigBee相关资料记20分	20分		
	无线传感网的课件	能将收集的资料用PPT课件表现出来记20分	20分		
情感目标	学习能力	能通过各种渠道收集无线传感网的资料记15分	15分		
	团队协作能力	能承担小组的分工,并协助其他小组成员完成硬件设备选用任务记15分	15分		

续表

评价指标	评价内容	评价标准	分值	学生自评	老师评估
学习体会:					

练一练

1.请列举无线传感网在我们生活中的应用案例。

2.利用网络了解ZigBee、蓝牙和Wi-Fi它们之间的区别。

任务二 智能环境监控系统ZigBee无线传感网的搭建

任务目标

能正确安装基于ZigBee技术的无线传感网硬件设备;能检测系统连接状态。

任务分析

本任务通过对智能环境监控系统连线示意图的理解为设备布局做准备,然后按照连接示意图接线,最终检查硬件系统搭建。 任务流程如下:

任务准备 → 设备布局 → 安装连线 → 检查系统

任务实施

一、任务准备

(一)工具准备

按表7-2-1所示内容准备智能环境监控系统ZigBee无线传感网的搭建任务相关工具。

表7-2-1 智能环境监控系统ZigBee无线传感网的搭建任务相关工具

序号	名称	功能
1	剥线钳	剪线、剥线头
2	螺丝刀	拆装螺丝钉
3	数字万用表	测量系统中电流、电压等参数

续表

序号	名称	功能
4	固定架	固定传感器
5	导线	连接电源、地和信号线
6	网线	连接串口服务器、路由器和计算机等网络设备

(二)硬件准备

按表7-2-2所示内容准备智能环境监控系统ZigBee无线传感网的搭建任务相关硬件。

表7-2-2　智能环境监控系统ZigBee无线传感网的搭建任务相关硬件

序号	名称	功能
1	温度传感器	检测空气温度
2	湿度传感器	检测空气相对湿度
3	土壤温湿度传感器	检测土壤湿度、温度
4	大气压力传感器	检测大气压力
5	光照传感器	检测光照强度
6	人体感应传感器	检测人体
7	ZigBee模拟量通信模块	采集和传输传感器数据
8	ZigBee协调器	提供ZigBee网络服务
9	串口服务器	串口扩展
10	无线路由器	搭建网络
11	服务器	提供数据库服务和Web服务
12	客户机	查看传感器数据和控制设备
13	移动终端	查看传感器数据和控制设备

(三)知识准备

(1)ZigBee模块程序烧写和参数设置,其详细步骤请参考项目六任务三。

(2)熟悉设备连接示意图,如图7-2-1所示。

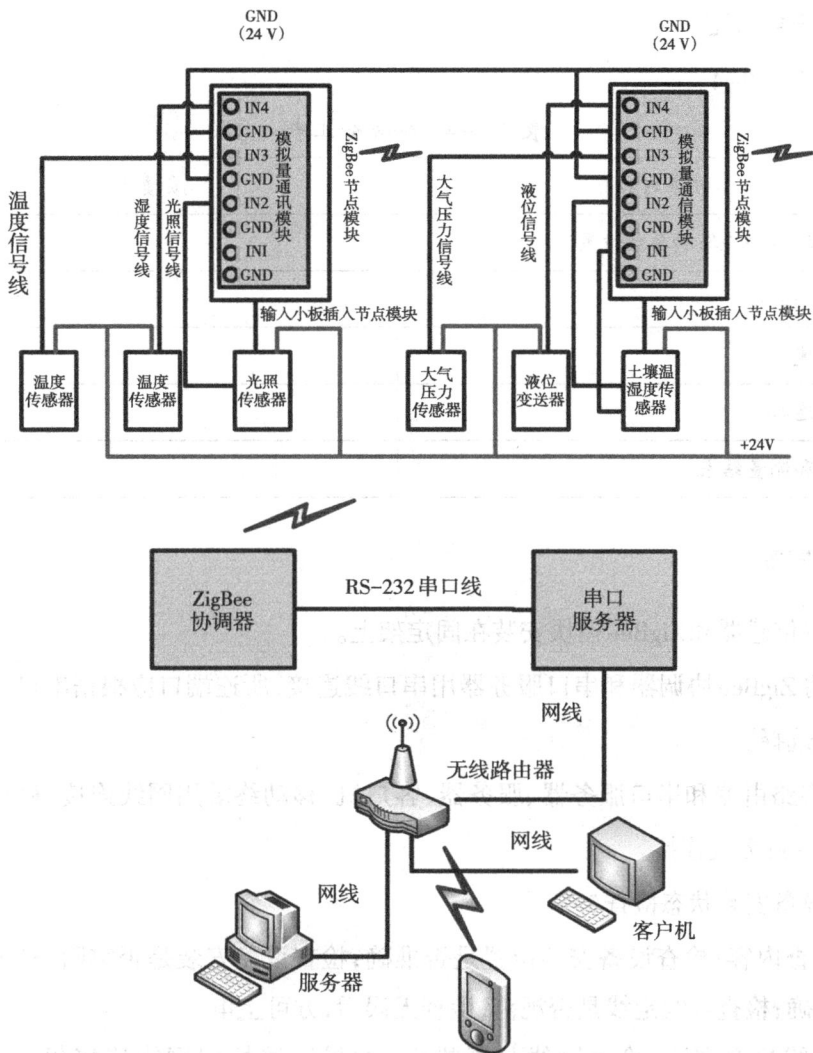

图 7-2-1　设备连接示意图

(3)局域网搭建,地址分配如表7-2-3。

表7-2-3　局域网地址分配表

名　称	分配地址
路由器	192.168.0.1
服务器	192.168.0.2
串口服务器	192.168.0.3
客户机	192.168.0.4
移动终端	192.168.0.5

(四)任务分工

完成表7-2-4。

表7-2-4　任务分工表

任务内容	负责人
ZigBee模块程序烧写和参数设置	
设备布局和连线	
局域网搭建	
检查电路连接	
记录步骤和测量结果	

二、操作步骤

(1)将传感器和ZigBee模块安装在固定架上。

(2)将ZigBee协调器和串口服务器用串口线连接,所连端口应根据串口服务器的设置进行选择。

(3)将路由器和串口服务器、服务器、客户机、移动终端用网线连接,移动终端也可选用Wi-Fi无线连接。

(4)设备安装状态检查。

①检查内容:检查设备安装位置是否准确;检查设备安装是否牢固;检查系统接线是否正确;检查导线走线是否规范;检查无误后,方可上电。

②连线检查方法:检查网线是否松动,如果已接好但网络连接仍不正确,可用测线仪测网线好坏;如果传感器工作不正常,可用万用表的直流电压挡测供电电压是否正常;如果其他设备工作不正常,可用万用表测电源适配器输出电压是否正常。

相关知识

一、无线路由器的常见硬件故障

路由器的硬件包括 RAM/DRAM、NVRAM、FLASH、ROM、CPU、各种端口以及主板和电源。硬件故障一般可以从 LED 指示灯上看出。比如电源模块上有一个绿色的 PWR(或 POWER)状态指示灯。当这个指示灯亮着时,表示电源工作正常。

接口模块上的 ONLINE 和 OFFLINE 指示灯以及 TX、RX 指示灯。RX 指示灯为绿色表示端口正在接收数据包;如果为橙色,则表示正在接收流控制的数据包。TX 指示灯为绿色表示端口正在发送数据包;如果为橙色,则表示正在发送流控制的数据包。不同的路由器有不同的指示灯且表示不同的意义,所以先看说明书。

硬件故障有时也可以从启动日志中查出或者在配置过程中看出。由于路由器在启动时首先会进行硬件加电自检,运行 ROM 中的硬件检测程序,检测各组件能否正常工作。在完成硬件检测后,才开始软件的初始化工作。

如果路由器在启动时能够检测到硬件存在故障,在系统的启动日志中会记录下来,以便日后查。如果在配置路由器时,进入某个端口配置的步骤,系统一直报错,那就有可能是端口的问题了。此外还要做好路由器运行环境的建设,比如:防雷接地以及稳定的供电电源、室内温度、室内湿度,防电磁干扰,防静电等,消除各种可能的故障隐患。

二、串口服务器

串口服务器是为 RS-232/485/422 到 TCP/IP 之间完成数据转换的通信接口转换器。其提供 RS-232/485/422 终端串口与 TCP/IP 网络的数据双向透明传输,提供串口转网络功能,RS-232/485/422 转网络的解决方案,可以让串口设备立即连接网络。

随着互联网的广泛普及,"让全部设备连接网络"已经成为全世界企业的共识。为了能跟上网络自动化的潮流,不至于失去竞争优势,必须建立高品质的数据采集、生产监控、即时成本管理的联网系统。利用基于TCP/IP的串口数据流传输的实现来控制和管理的设备硬件,无需投资大量的人力、物力来进行管理、更换或者升级。

串口服务器使得基于TCP/IP的串口数据流传输成为可能,它能将多个串口设备连接并能将串口数据流进行选择和处理,把现有的RS-232接口的数据转化成IP端口的数据,然后进行IP化的管理和IP化的数据存取,这样就能将传统的串行数据送上流行的IP通道,而无需过早淘汰原有的设备,从而提高了现有设备的利用率,节约了投资,还可在既有的网络基础上简化布线复杂度。

串口服务器应用比较广泛,在门禁系统、考勤系统、售饭系统、POS系统、楼宇自控系统、自助银行系统、电信机房监控、电力监控等领域都有应用。

任务评价

表7-2-5　智能环境监控系统ZigBee无线传感网的搭建任务评价表

评价指标	评价内容	评价标准	分值	学生自评	老师评估
知识目标	各种传感器的功能	能描述温度传感器、湿度传感器、土壤温湿度传感器、大气压力传感器、光照传感器、人体感应传感器等在系统中的功能记15分	15分		
	传感器的参数	能描述温度传感器、湿度传感器、土壤温湿度传感器、大气压力传感器、光照传感器、人体感应传感器等的主要参数记15分	15分		
技能目标	设备的安装	能正确安装各设备记10分	10分		
	设备连线	能正确连线记10分	10分		
	检测电路	能检测电路工作状态记10分	10分		

续表

评价指标	评价内容	评价标准	分值	学生自评	老师评估
情感目标	学习能力	能通过各种渠道收集相关资料记15分	15分		
	团队协作能力	能承担小组的分工,并协助其他小组成员完成任务记15分	15分		

学习体会:

练一练

1.上网搜索无线路由器的常见故障。

2.上网搜索ZigBee技术的应用。

任务三　智能环境监控系统ZigBee无线传感网的调试

任务目标

能正确安装相关软件;能正确配置相关设备;能通过搭建的无线传感网采集需监控的环境数据。

任务分析

通过软件和系统设置为系统调试做准备,然后进行故障原因分析,排查故障后调试,实现系统功能,最后系统能显示传感器的相应数据。任务流程如下:

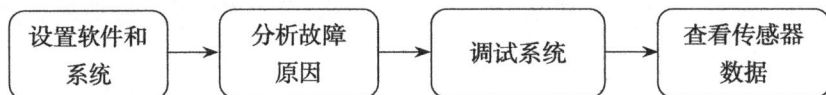

设置软件和系统 → 分析故障原因 → 调试系统 → 查看传感器数据

任务实施

一、任务准备

(一)工具准备

表7-3-1　智能环境监控系统ZigBee无线传感网的调试任务相关工具

序号	名称	功能
1	剥线钳	剪线、剥线头
2	螺丝刀	拆装螺丝钉
3	万用表	测量系统中电流、电压等参数,检查电路连接情况

(二)软件准备

表7-3-2 智能环境监控系统ZigBee无线传感网任务相关软件

序号	名称	功能
1	数据库软件(SQL Server 2008 R2数据库)	服务器端提供数据库服务
2	IIS管理器	服务器端提供web服务
3	展示端软件	服务器端提供状态显示功能
4	客户端软件	客户端提供数据查看和控制功能
5	ZigBee配置工具软件	配置ZigBee模块参数

(三)知识准备

1.服务器端软件作用

(1)数据库软件:为系统提供数据库服务,方便数据存储和处理。我们在进行系统的安装与调试时,主要的数据库操作是进行数据库附加、用户名添加与删除、用户角色和权限设置,数据库相关服务的开启与关闭,以及配置文件修改等工作。

(2)IIS管理器:为系统提供Web网站服务。在物联网系统中,Web服务相当重要,我们需要执行的操作主要是IIS安装、Web网站发布、Web网站配置等工作。

2.计算机客户端软件的作用

为系统提供数据监控UI界面。系统运行的详细情况可以通过客户端软件进行查看和控制,操作方便。

3.常见移动终端

移动终端或者叫移动通信终端是指可以在移动中使用的计算机设备,广义地讲包括手机、笔记本电脑、平板电脑、POS机,甚至包括车载电脑。但是大部分情况下是指手机(具有多种应用功能的智能手机)、平板电脑以及类似功能设备。

4.C/S结构

C/S结构,即Client/Server(客户机/服务器)结构,是大家熟知的软件系统结构,通过将任务合理分配到Client端和Server端,降低了系统的通信开销,可以充分利用两端硬件环境的优势。

5.B/S结构

B/S结构,即Browser/Server(浏览器/服务器)结构,是随着互联网技术的兴起,对C/S结构的一种变化或者改进的结构。在这种结构下,用户界面完全通过WWW浏览器实现,一部分事务逻辑在前端实现,但是主要事务逻辑在服务器端实现,形成所谓"3-tier"结构。B/S结构利用不断成熟和普及的浏览器技术实现原来需要复杂专用软件才能实现的强大功能,并节约了开发成本,是一种全新的软件系统构造技术。

二、操作步骤

(一)应用层和传输层系统状态确认

(1)检查服务器端软件是否安装和配置正确。

(2)检查计算机客户端软件是否安装和配置正确。

(3)检查串口服务器配置是否正确。

(4)各设备IP地址是否配置正确。

(5)检查数据库服务是否开启。

(6)检查防火墙,确认网络通畅。

(二)ZigBee无线传感网故障排查

(1)观察ZigBee模块的LED指示灯,检查设备是否正常工作,是否组网成功。如果LED指示灯均不亮,说明设备未正常工作,可通过万用表测电压检查供电是否正常,检查设备是否损坏。如果LED指示灯亮,但是一直快速闪烁,说明模块在工作,但是联网不成功,可通过设置软件检查参数设置是否正确。注意:ZigBee的网络ID和信道必须设置一致。观察指示灯状态如图7-3-1所示。

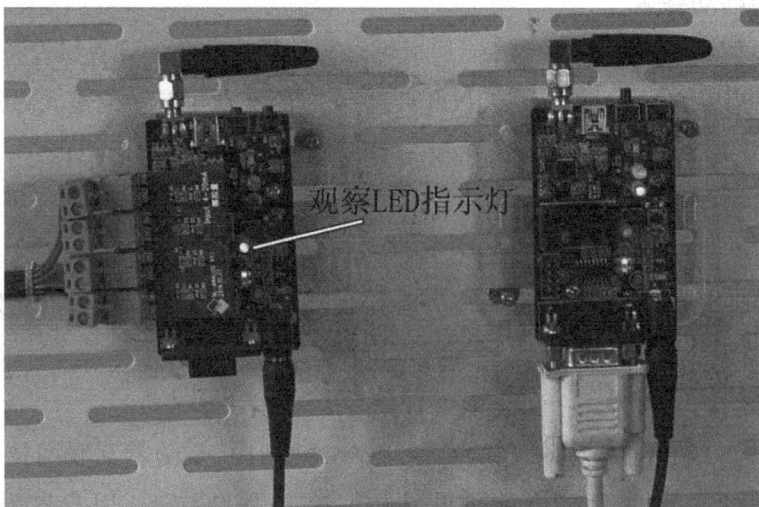

图7-3-1　观察LED指示灯判断网络状态

（2）ZigBee联网成功，但是数据不正确。此时，可检查传感器的数据通道是否连接正确，线是否连接牢固，检查线头是否为有效连接。

（3）在不知道传输层和应用层是否配置好时，还可以利用串口调试工具观察协调器的串口数据来确定无线传感网的工作状态，如果能正常接收传感器数据则说明网络工作状态良好。

相关知识

一、IP地址定义

IP地址是指互联网协议地址（Internet Protocol Address，又译为网际协议地址），是IP Address的缩写。IP地址是IP协议提供的一种统一的地址格式，它为互联网上的每一个网络和每一台主机分配一个逻辑地址，以此来屏蔽物理地址的差异。

二、IP地址分类

最初设计互联网时，为了便于寻址以及层次化构造网络，每个IP地址包括两个标识码（ID），即网络ID和主机ID。同一个物理网络上的所有主机都使用同一个网络ID，网络上的一个主机（包括网络上工作站、服务器和路由器等）有一个主机ID与其对应。互联网委员会定义了5种IP地址类型以适合不同容量的网络，即A类~E类。其中A、B、C三类由互联网NIC在全球范围内统一分配，如表7-3-3，D、E类为特殊地址。

表7-3-3 IP地址类型及其特点

类别	最大网络数	IP地址范围	最大主机数	私有IP地址范围
A类	126	0.0.0.0~127.255.255.255	16 777 214	10.0.0.0~10.255.255.255
B类	16 384	128.0.0.0~191.255.255.255	65 534	172.16.0.0~172.31.255.255
C类	2 097 152	192.0.0.0~223.255.255.255	254	192.168.0.0~192.168.255.255

三、IP地址类型

(一)公有地址

公有地址(Public Address)由互联网信息中心(Internet Network Information Center, Inter NIC)负责。这些IP地址分配给注册并向Inter NIC提出申请的组织机构。通过它直接访问互联网。

(二)私有地址

私有地址(Private Address)属于非注册地址,专门为组织机构内部使用。以下列出留用的内部私有地址。

表7-3-4　内部私有地址

类别	地址
A类	10.0.0.0~10.255.255.255
B类	172.16.0.0~172.31.255.255
C类	192.168.0.0~192.168.255.255

四、IPv4和IPv6

IPv4采用32位地址长度,只有大约43亿个地址,而IPv6采用128位地址长度,几乎可以不受限制地提供地址。按保守方法估算IPv6实际可分配的地址可在地球的每平方米面积上分配1 000多个地址。在IPv6的设计过程中除解决了地址短缺问题以外,还考虑了在IPv4中解决不好的其他一些问题,主要有端到端IP连接、服务质量、安全性、多播、移动性、即插即用等。

与IPv4相比,IPv6主要有如下一些优势。第一,明显地扩大了地址空间。IPv6采用128位地址长度,几乎可以不受限制地提供IP地址,从而确保了端到端连接的可能性。第二,提高了网络的整体吞吐量。由于IPv6的数据包可以远远超过64 kb字节,应用程序可以利用最大传输单元(MTU),获得更快、更可靠的数据传输,同时在设计上改进了选路结构,采用简化的报头定长结构和更合理的分段方法,使路由器加快数据包处理速度,提高了转发效率,从而提高网络的整体吞吐量。第三,使得整个服务质量得到很大改善。报头中的业务级别和流标记通过路由器的配置可以实现优先级控制和服务质量保障,从而极大改善了IPv6的服务质量。第四,安全性有了更好的保证。采用IPSec可以为上层协议和应用提供有效的端到端安全保证，能提高在路由器水平上的安全性。第五，支持即插即用和移动性。设备接入网络时通过自动配置可自动获取IP地址和必要的参数，实现即插即用，简化了网络管理，易于支持移动节点。而且IPv6不仅从IPv4中借鉴了许多概念和术语，它还定义了许多移动IPv6所需的新功能。第六，更好地实现了多播功能。在IPv6的多播功能中增加了"范围"和"标志"，限定了路由范围和可以区分永久性与临时性地址，更有利于多播功能的实现。

随着互联网的飞速发展和互联网用户对服务水平要求的不断提高，IPv6在全球将会越来越受到重视。实际上，并不急于推广IPv6，只需在现有的IPv4基础上将32位扩展8位到40位，即可解决IPv4地址不够的问题，这样一来可用地址数就扩大了256倍。

任务评价

表7-3-5 智能环境监控系统ZigBee无线传感网的调试任务评价表

评价指标	评价内容	评价标准	分值	学生自评	老师评估
知识目标	服务器端软件配置	能描述服务器的配置步骤和内容记5分	5分		
	计算机客户端软件配置	能描述计算机客户端软件配置步骤和内容记5分	5分		
	串口服务器配置	能描述串口服务器的配置步骤和内容记5分	5分		
	IP地址分配	能描述IP地址的分配方法和原则记5分	5分		
	ZigBee参数设置要点	能描述ZigBee参数的设置步骤和要点记5分	5分		
	故障现象和排除方法	能描述一般故障现象和解决方法记5分	5分		

续表

评价指标	评价内容	评价标准	分值	学生自评	老师评估
技能目标	检查参数设置	能正确设置各种参数记10分	10分		
	安装设备驱动程序	能让串口服务器正常工作记10分	10分		
	ZigBee组网设置	能设置ZigBee正确组网记10分	10分		
	传感器的数据	能调试系统使之正常读取和显示传感器数据记10分	10分		
情感目标	学习能力	能通过各种渠道收集相关知识记15分	15分		
	团队协作能力	能承担小组的分工,能与其他小组成员一起完成调试任务记15分	15分		

学习体会:

练一练

1.在网上收集ZigBee应用案例相关资料。

2.在网上收集局域网搭建相关资料。

3.配置ZigBee实现组网。

参考文献
REFERENCE

[1] 杨博雄. 无线传感网络[M]. 北京:人民邮电出版社,2015.

[2] Jon S.Wilson.传感器技术手册[M]. 北京:人民邮电出版社,2009.

[3] 许磊. 传感器技术与应用[M]. 北京:高等教育出版社,2014.

[4] 刘海涛. 物联网技术应用[M]. 北京:机械工业出版社,2011.

[5] 黄玉兰. 物联网传感器技术与应用[M]. 北京:人民邮电出版社,2014.